漁師《りょうし》さんの山には、こんな木が育っています

ミズナラ（ブナ科）

コナラ（ブナ科）

カツラ（カツラ科）

ミズキ（ミズキ科）

トチノキ（ムクロジ科）

ブナ（ブナ科）

二〇一三年六月二日。
植樹祭《しょくじゅさい》の開催《かいさい》を待《ま》つ〈ひこばえの森〉。

写真／宍戸清孝

山の森、
海の森、
心の森。
森には三つあるのです。

写真／宍戸清孝

千年に一度《ど》という
大津波《おおつなみ》に遭遇《そうぐう》しても、
心が折《お》れないように——
願《ねが》いをこめて、
山に木を植《う》えました。

人の心に木を植える

「森は海の恋人」30年

畠山重篤

もくじ

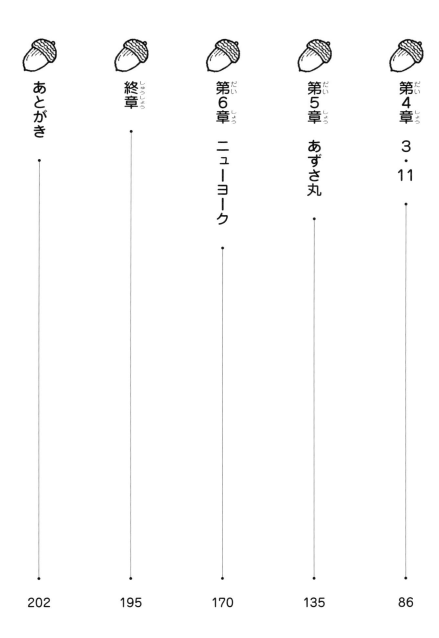

ブックデザイン／安楽豊
装画・本文イラスト／スギヤマカナヨ

はじめに

わたしは、気仙沼湾《けせんぬまわん》という三陸《さんりく》リアス式海岸《しきかいがん》の入《い》り江《え》でカキの養殖《ようしょく》をしています。

平成元年《へいせいがんねん》（一九八九）、気仙沼湾《けせんぬまわん》に注《そそ》ぐ大川上流《おおかわじょうりゅう》の室根山《むろねさん》で、わたしたちカキ漁師《りょうし》による落葉広葉樹《らくようこうようじゅ》の植林活動《しょくりんかつどう》が始《はじ》まりました。汚《よご》れてしまった海をなんとか青い海にとりもどしたい——名づけて「森は海の恋人運動《こいびとうんどう》」です。

森と海はまったく離《はな》れているようですが、わたしはカキの養殖《ようしょく》をしていますので、そのつながりがよくわかります。


みなさんは、どんなときに海のことを考えますか？

海水浴《かいすいよく》にいくとき？　おすしを食べるとき？

今まで、海のことを考えるときに、森林のことを考えることはほとんどなかったと思います。

でも、日本の多くの研究者《けんきゅうしゃ》によって、海と森林の深い関係《かんけい》が証明《しょうめい》されてきました。日本の北の海・オホーツク海から三陸沖《さんりくおき》にかけては世界三大漁場《せかいさんだいぎょじょう》のひとつですが、その魚はなぜとれるのか。最近《さいきん》わかったことは、ロシアと中国の国境《こっきょう》を流《なが》れているアムール川流域《りゅういき》の広大な森林で生まれた養分《ようぶん》が、はるか三陸沖《さんりくおき》まで届《とど》いている、ということです。

その中でとくに重要《じゅうよう》な成分《せいぶん》は鉄分《てつぶん》というものなのですが、海の中で、海藻《かいそう》やプランクトンが利《り》用《よう》できるかたちの鉄《てつ》は、じつは森林の中でつくられているのです。

アマゾン川にしても、ナイル川にしても、揚子江《ようすこう》にしても、世界《せかい》じゅうの森と川と海は有機的《ゆうきてき》に結《むす》びついているのです。

しかし、森と海のあいだには人間の生活が横《よこ》たわっています。

ここがもっともむずかしいところです。

わたしは、気仙沼湾《けせんぬまわん》に注《そそ》ぐ大川流域《おおかわりゅういき》に暮《く》らしている人々に、どうにかして森と川と海はひとつであると知っていただきたいと思いました。

そこで始《はじ》めたのが、子どもたちを海にまねいて行う「体験学習《たいけんがくしゅう》」です。この三十年間に、一万人以上《いじょう》の子どもたちを受《う》け入《い》れてきました。

その結果《けっか》、川の流域《りゅういき》の人々に、「森と川と海はひとつのものだ。」という意識《いしき》が高まってきました。みんなで森をたいせつにし、川を汚《よご》さないように暮《く》らしはじめたのです。

そして、赤潮《あかしお》にまみれていた海がよみがえったのです。

二十年かかりましたが、海はよみがえりました。


山に木を植《う》えることはもちろんだいじですが、もっともたいせつなのは、川の流域《りゅういき》に住《す》んでいる「人の心に木を植《う》える」ことなのです。

人の気持《きも》ちがやさしくなれば、自然《しぜん》はちゃんとよみがえってくるのです。

これは確信《かくしん》です。

漁師《りょうし》が森に木を植《う》えるということは、人の心に木を植《う》えることでもありました。

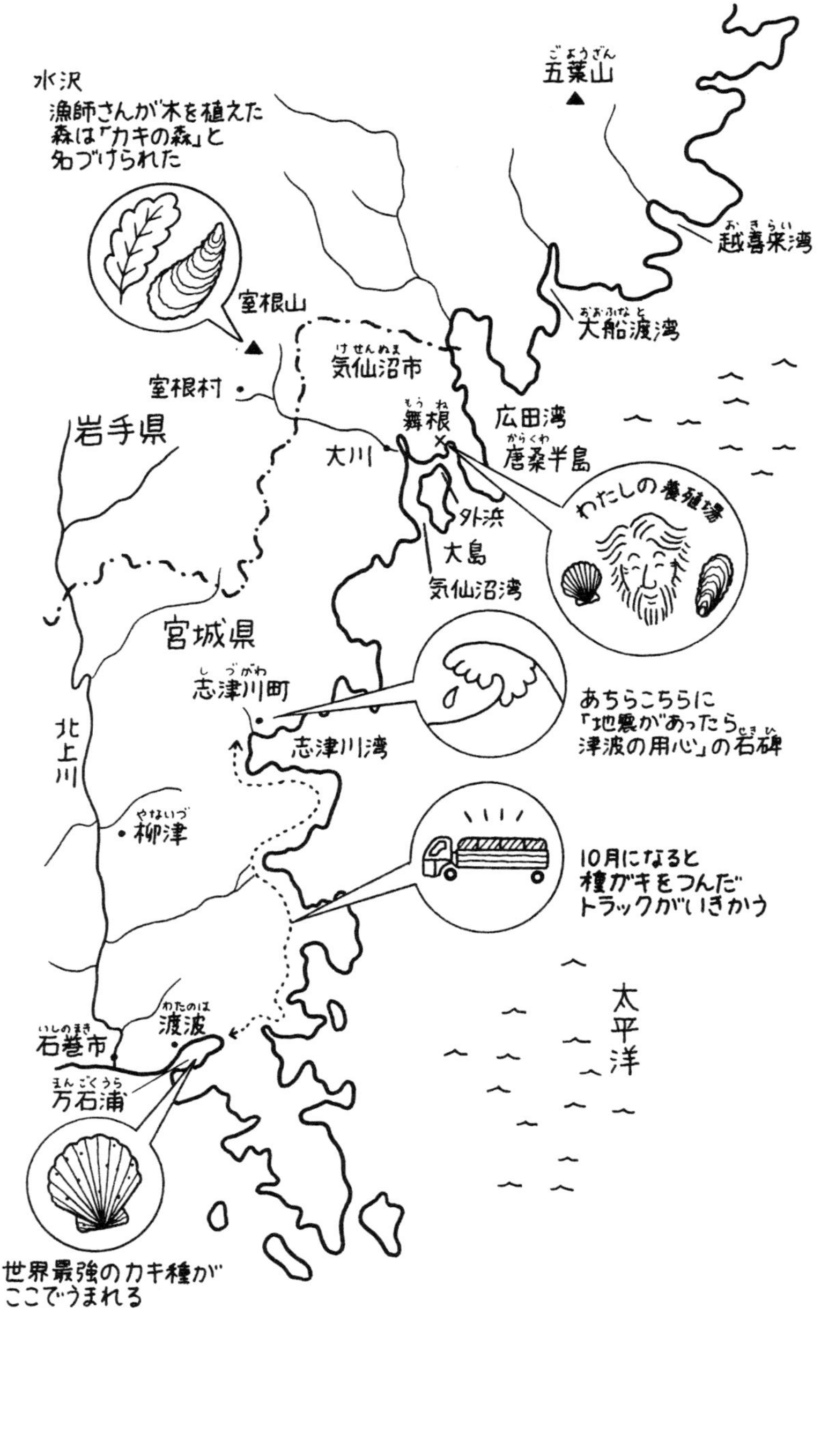

水沢
漁師さんが木を植えた
森は「カキの森」と
名づけられた
五葉山《ごようざん》
越喜来湾《おきらいわん》
室根山
大船渡《おおふなと》湾
気仙沼《けせんぬま》市
室根村
岩手県
舞根《もうね》
広田湾
唐桑《からくわ》半島
大川
わたしの養殖場
外浜
大島
気仙沼湾
宮城県
志津川《しづがわ》町
志津川湾
あちらこちらに
「地震があったら
津波の用心」の石碑《せきひ》
北上川
柳津《やないづ》
10月になると
種ガキをつんだ
トラックがいきかう
太平洋
渡波《わたのは》
石巻《いしのまき》市
万石浦《まんごくうら》
世界最強のカキ種が
ここでうまれる

第《だい》1章《しょう》　富士山《ふじさん》

カキじいさんから鉄《てつ》じいさんへ

太平洋戦争《たいへいようせんそう》を生《い》き延《の》び、中国から生《う》まれ故郷《こきょう》の宮城県気仙沼《みやぎけんけせんぬま》に帰ってきた父が始《はじ》めた仕事《しごと》が、カキ養殖業《ようしょくぎょう》でした。創業《そうぎょう》は昭和《しょうわ》二十二年（一九四七）ですから、今年で七十一年になります。

わたしは小学校五年生のころには父の手伝《てつだ》いをしていましたから、カキとのつきあいは、もう六十年以上《いじょう》になります。

体験学習《たいけんがくしゅう》にやってくる小学生たちからは、髪《かみ》もひげも白くなったその姿《すがた》から〝カキじいさん〟とよばれるようになっていました。

ところが近ごろ、もうひとつのよび名が加《くわ》わりました。〝鉄《てつ》じいさん〟です。

わたしの話をきいた子どもたちは、

「カキじいさんはこのごろ鉄《てつ》の話ばっかりしてる。どうして鉄《てつ》、鉄《てつ》って言ってるんだろうね。そのうち、白いひげも、さびた鉄《てつ》の色みたいになるんじゃない？」

と、ひそひそ話していることがわかりました。

それをきいて、シメシメと思いました。まだよく理解《りかい》できないと思いますが、鉄《てつ》と植物《しょくぶつ》について興味《きょうみ》をもつ子どもがふえてきたからです。ひげが鉄《てつ》さび色になってもいいか、と本気で考えました。

でも、ひげが針金《はりがね》のようになったら困《こま》るよなあ、とも思っています。今でも、孫《まご》の一歳《さい》の灯《あかり》と三歳《さい》の凪《なぎ》にほおずりをすると、痛《いた》がって逃《に》げるからです。

わたしがなぜ鉄《てつ》に夢中《むちゅう》になっているかというと、平成《へいせい》二年（一九九〇）、植物《しょくぶつ》の成長にとって欠《か》かすことのできないたいせつな養分《ようぶん》は鉄《てつ》であると知ったからです。それを教え

てくれたのは、北海道大学水産学部教授《ほっかいどうだいがくすいさんがくぶきょうじゅ》（当時）の松永勝《まつながかつ》彦《ひこ》先生でした。

植物《しょくぶつ》がなければ、わたしたち人間も生きていけません。

地球《ちきゅう》はよく、水の惑星《わくせい》と表現《ひょうげん》されますが、じつは目方を量《はか》ると、地球《ちきゅう》の重《おも》さの三分の一は鉄《てつ》なのだそうです。

地球《ちきゅう》は鉄《てつ》の惑星《わくせい》なのです。

鉄《てつ》の惑星《わくせい》だから緑《みどり》におおわれているのです。

「すごい話でしょう？　カキじいさんが鉄《てつ》じいさんにヘンシンする理由《りゆう》がわかるでしょう？」

と、子どもたちに話すと、口をとんがらせてこう言います。

「でも、その話は陸上《りくじょう》のことでしょう？　カキは海の生《い》き物《もの》だから関係《かんけい》ないじゃない！」

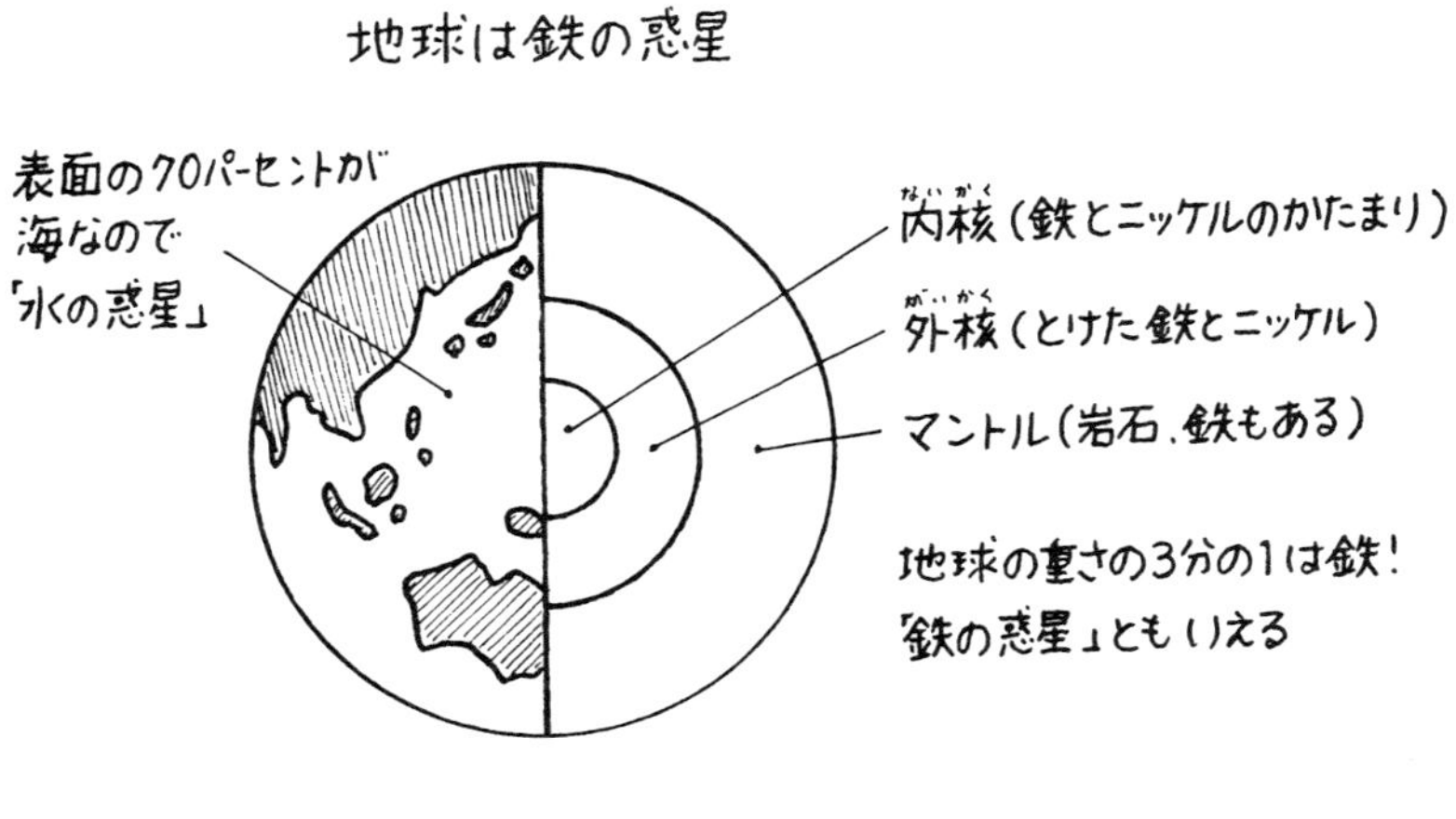
地球は鉄の惑星
表面の70パーセントが海なので「水の惑星」
内核《ないかく》（鉄とニッケルのかたまり）
外核《がいかく》（とけた鉄とニッケル）
マントル（岩石、鉄もある）
地球の重さの3分の1は鉄！
「鉄の惑星」ともいえる

フルボさんと鉄《てっ》ちゃん

カキじいさんの話をよくきいていませんね。カキのえさはなんでしたっけ?

「植物《しょくぶつ》プランクトン!」

このプランクトンは、植物《しょくぶつ》ですか、動物《どうぶつ》ですか?

「〝植物《しょくぶつ》〟ってついているから植物《しょくぶつ》でしょ。」

正解《せいかい》です。わかりますね、海の中も植物《しょくぶつ》だらけなのです。

コンブ、ワカメ、ノリなどの海藻《かいそう》も植物《しょくぶつ》です。

「海草《かいそう》」と書く植物《しょくぶつ》も生えていますよ。アマモです。陸《りく》の植物《しょくぶつ》が海の中で生育《せいいく》するようになったもので、種《たね》から育《そだ》ち花も咲《さ》くし、実《み》もなります(ちなみに海藻《かいそう》は、種《たね》で

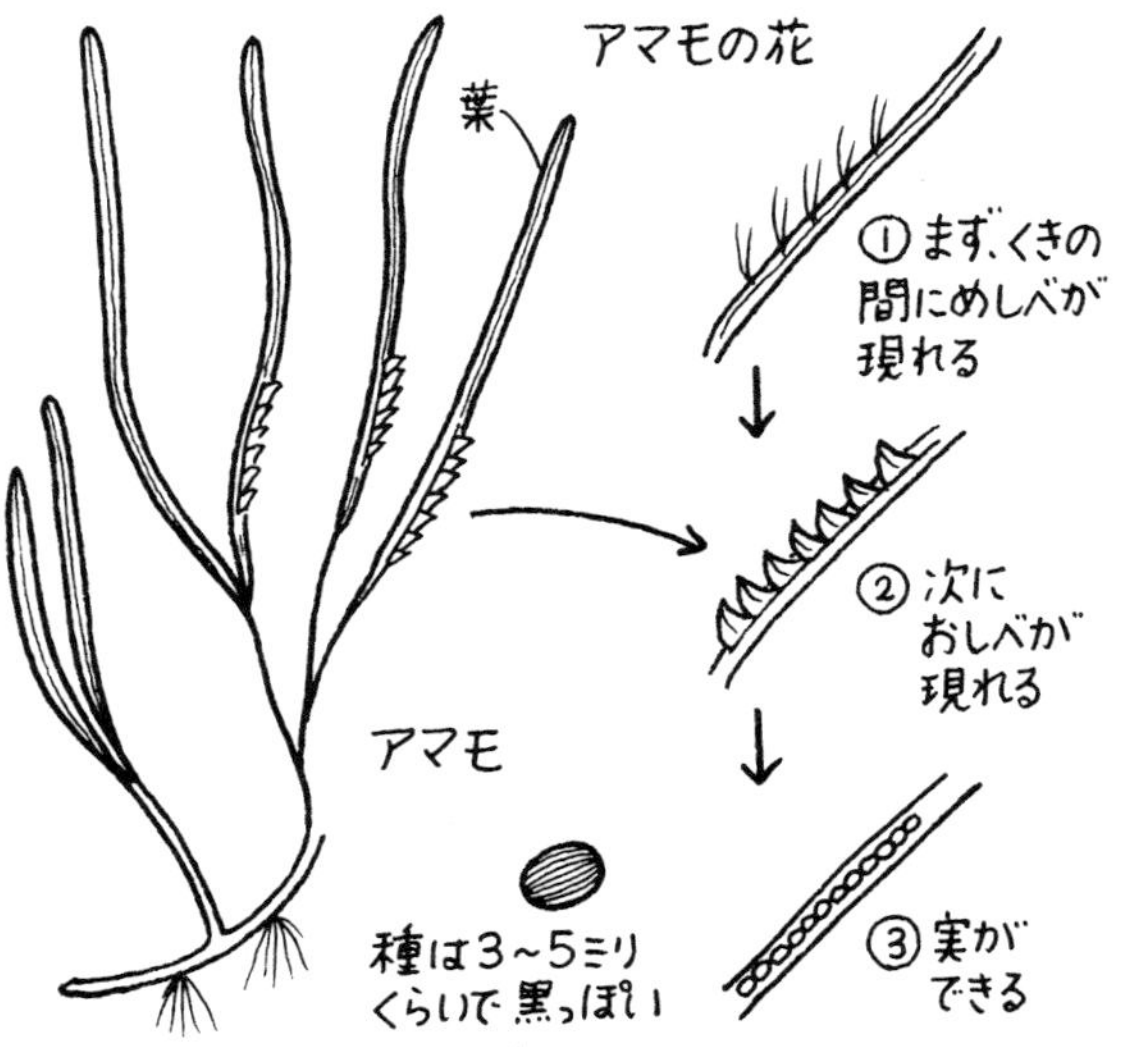
アマモの花
葉
①まず、くきの間にめしべが現れる
②次におしべが現れる
③実ができる
アマモ
種は3~5ミリくらいで黒っぽい

はなくて胞子《ほうし》によってふえますよ)。
当然《とうぜん》、海の植物《しょくぶつ》にも鉄《てつ》は必要《ひつよう》です。

宮城県《みやぎけん》は、カキの種《たね》(カキの子ども。おつまみにする〝柿《かき》の種《たね》〟ではありませんよ)を全国《ぜんこく》に送《おく》り出《だ》している県《けん》です。北上川《きたかみがわ》が注《そそ》ぐ石巻市《いしのまきし》の万石浦《まんごくうら》は、その産地《さんち》として有名《ゆうめい》です。

そんなことからわたしは、北は北海道《ほっかいどう》から南は九州《きゅうしゅう》まで、全国《ぜんこく》のカキの産地《さんち》を訪《おとず》れていました。そこで共通《きょうつう》していることは、カキの産地《さんち》は、川の水と海の水が混《ま》じりあう汽水域《きすいいき》だということでした。

汽水域《きすいいき》はどこでも、カキのえさとなる植物《しょくぶつ》プランクトンが多いのです。

わたしは、「山から流《なが》れてくる川の水の中に植物《しょくぶつ》プランクトンをふやす養分《ようぶん》がふくまれているのだな。」ということは、なんとなく想像《そうぞう》していました。けれど、それが鉄《てつ》であることは、松永《まつなが》先生と出会うまではまったく知らなかったのです。

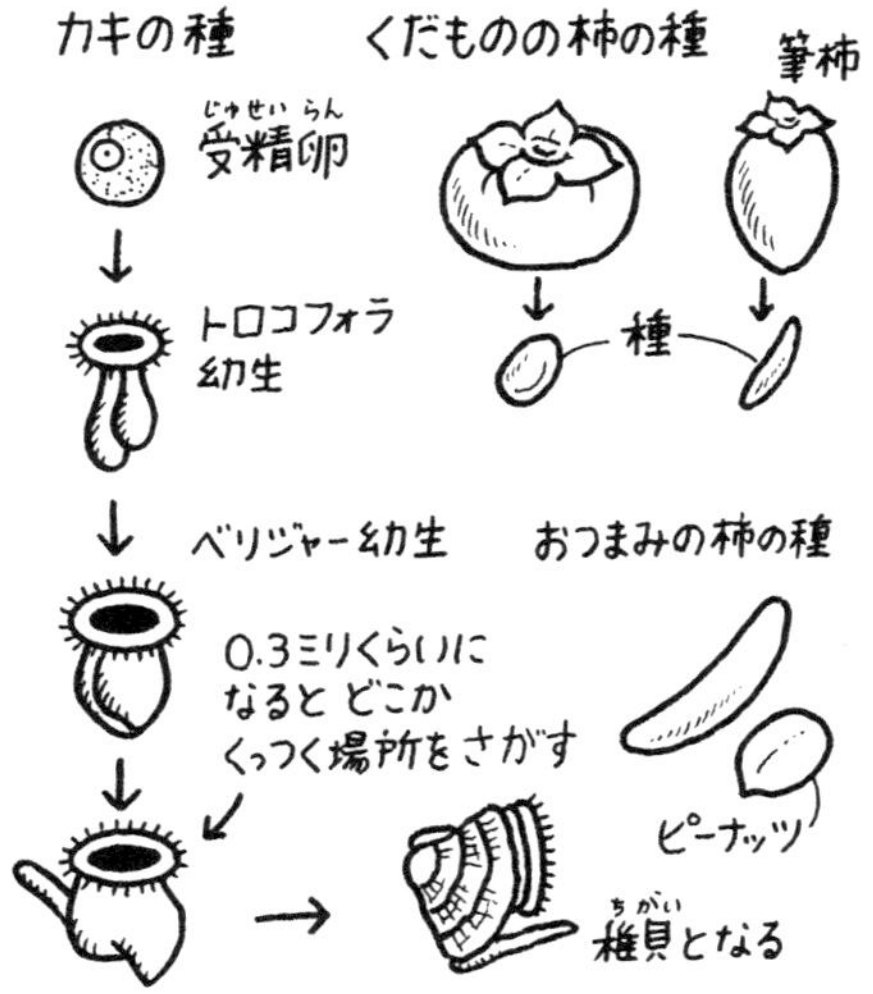

鉄《てつ》は酸素《さんそ》の多い川や海に流《なが》れ出《で》ると、酸素《さんそ》とくっつき、さびて重《おも》くなり、水の底《そこ》に沈《しず》んでしまうのですが、汽水域《きすいいき》は植物《しょくぶつ》プランクトンが多いではありませんか。それは、植《しょく》物《ぶつ》が利用《りよう》できる鉄《てつ》があるということです。

松永《まつなが》先生によって、森林や湿地帯《しっちたい》で生まれるフルボ酸《さん》という物質《ぶっしつ》が鉄《てつ》とくっつき、フルボ酸鉄《さんてつ》という、さびない鉄《てつ》に変化《へんか》することがわかったのです。

今年三十周年《しゅうねん》をむかえる、「森は海の恋人植樹祭《こいびとしょくじゅさい》」の科《か》学的《がくてき》な意味《いみ》は、このようなメカニズムだったのです。

気仙沼《けせんぬま》は、日本一のカツオの水あげ港《こう》ですが、世界三大《せかいさんだい》漁場《ぎょじょう》の三陸沖《さんりくおき》に鉄《てつ》を供給《きょうきゅう》しているのは、ロシアと中国国境《こっきょう》を流《なが》れるアムール川からのフルボ酸鉄《さんてつ》であることがわかったのですから、すごいことです。

少し長くなりましたが、カキじいさんが鉄《てつ》じいさんに

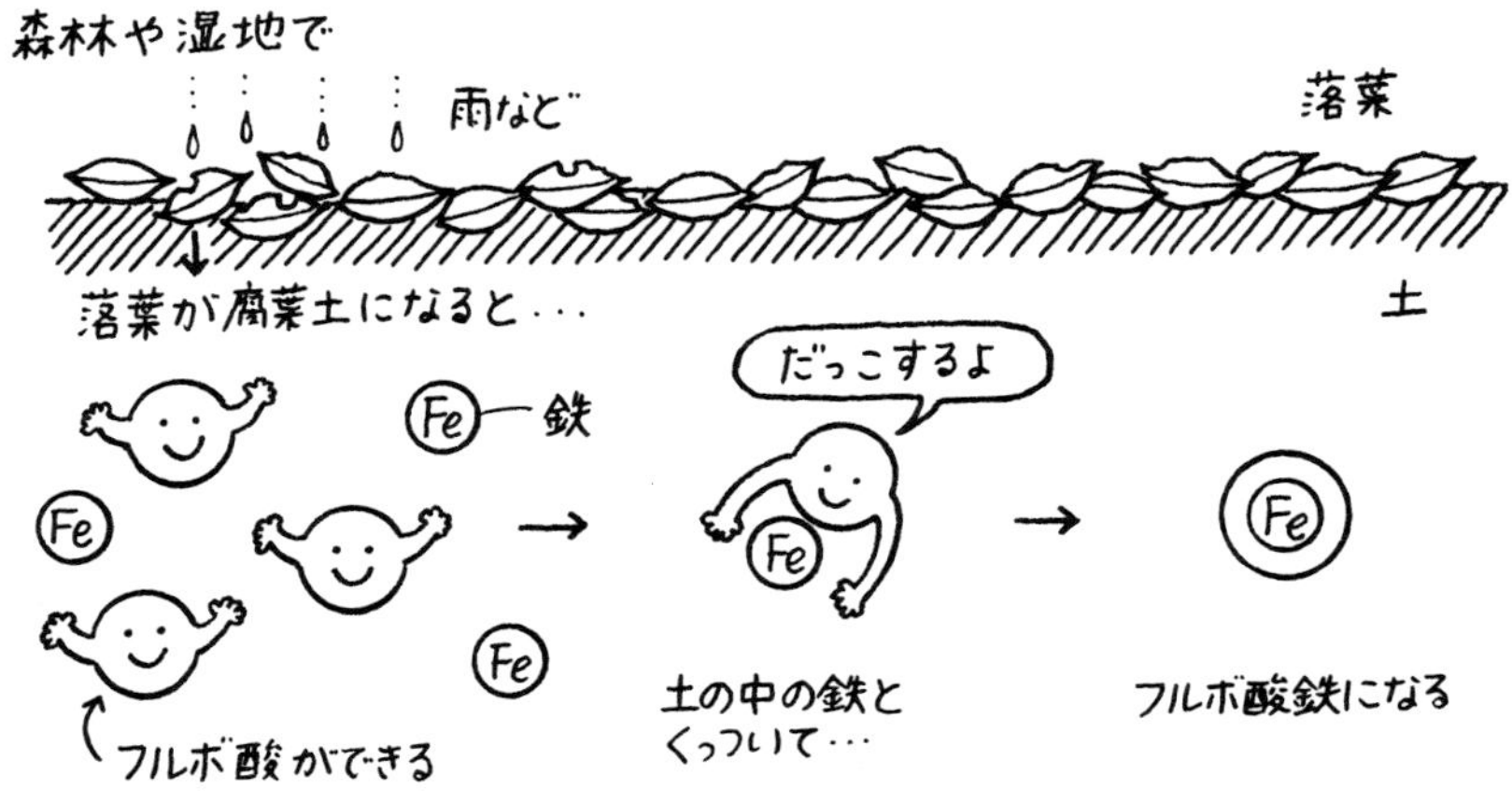
森林や湿地で
雨など
落葉
土
落葉が腐葉土になると・・・
Fe ― 鉄
だっこするよ
Fe
Fe
Fe
Fe
Fe
フルボ酸ができる
土の中の鉄と
くっついて・・・
フルボ酸鉄になる

なった理由《りゆう》がわかったでしょう。

鉄《てつ》のことを頭に入れて旅《たび》していると、思いがけないできごとが次々《つぎつぎ》目の前に出てきて、びっくりしてしまいます。

清水《しみず》の鉄《てつ》さん

もう十年ほど前のことですが、静岡市清水《しずおかししみず》で潜水業《せんすいぎょう》をしているという人から手紙がきました。差出人名《さしだしにんめい》を見てびっくりです。「鉄組潜水工業所社長《てつぐみせんすいこうぎょうしょしゃちょう》　鉄芳松《てつよしまつ》」と、書かれていました。

わたしの頭の中は鉄《てつ》でいっぱいですから、だれかがジョークでこんな手紙を出したのかと思ってしまいました。でも手紙を読んでいてまじめな人であることが伝《つた》わってきました。もちろん鉄姓《てつせい》は本名です。

鉄《てつ》さんの出身《しゅっしん》は福島県《ふくしまけん》に近い茨城県《いばらきけん》の大津《おおつ》というところで、鉄姓《てつせい》が多い地域《ちいき》だそうです。「代々《だいだい》、潜水夫《せんすいふ》の家系《かけい》です。」とも書いてありました。

大津《おおつ》の沖《おき》にアワビの漁場《ぎょじょう》として有名《ゆうめい》な大きな岩礁《がんしょう》があり、アワビ漁《りょう》をし

アワビ

ていたそうです。

お父さんの代《だい》で清水《しみず》に移《うつ》り住《す》んで、駿河湾《するがわん》での港湾関《こうわんかん》係《けい》の潜水《せんすい》土木の仕事《しごと》のほかに、全国《ぜんこく》で海底《かいてい》の環境調査《かんきょうちょうさ》もしているそうです。沖縄《おきなわ》でジュゴンの調査《ちょうさ》をしていて、ジュゴンのえさであるアマモをふやすにはどうしたらいいかと考えていたそうです。

鉄《てつ》さんが手紙をよこしたのは、「清水《しみず》の方々と環境《かんきょう》についての勉強会《べんきょうかい》を開《ひら》いているので、海の生物《せいぶつ》と鉄《てつ》についてお話をしてください。」ということでした。まるで磁《じ》石《しゃく》のように、わたしたちは引きよせられたのです。

清水《しみず》は、気仙沼《けせんぬま》と深《ふか》いつながりがあります。むかしから大きなかんづめメーカーがあることで有名《ゆうめい》で、気仙沼《けせんぬま》にも工場がたくさんありました。わたしは気仙沼水産高《けせんぬますいさんこう》校《こう》（現《げん》・気仙沼向洋高校《けせんぬまこうようこうこう》）水産製造科《すいさんせいぞうか》の出身《しゅっしん》ですので、同《どう》

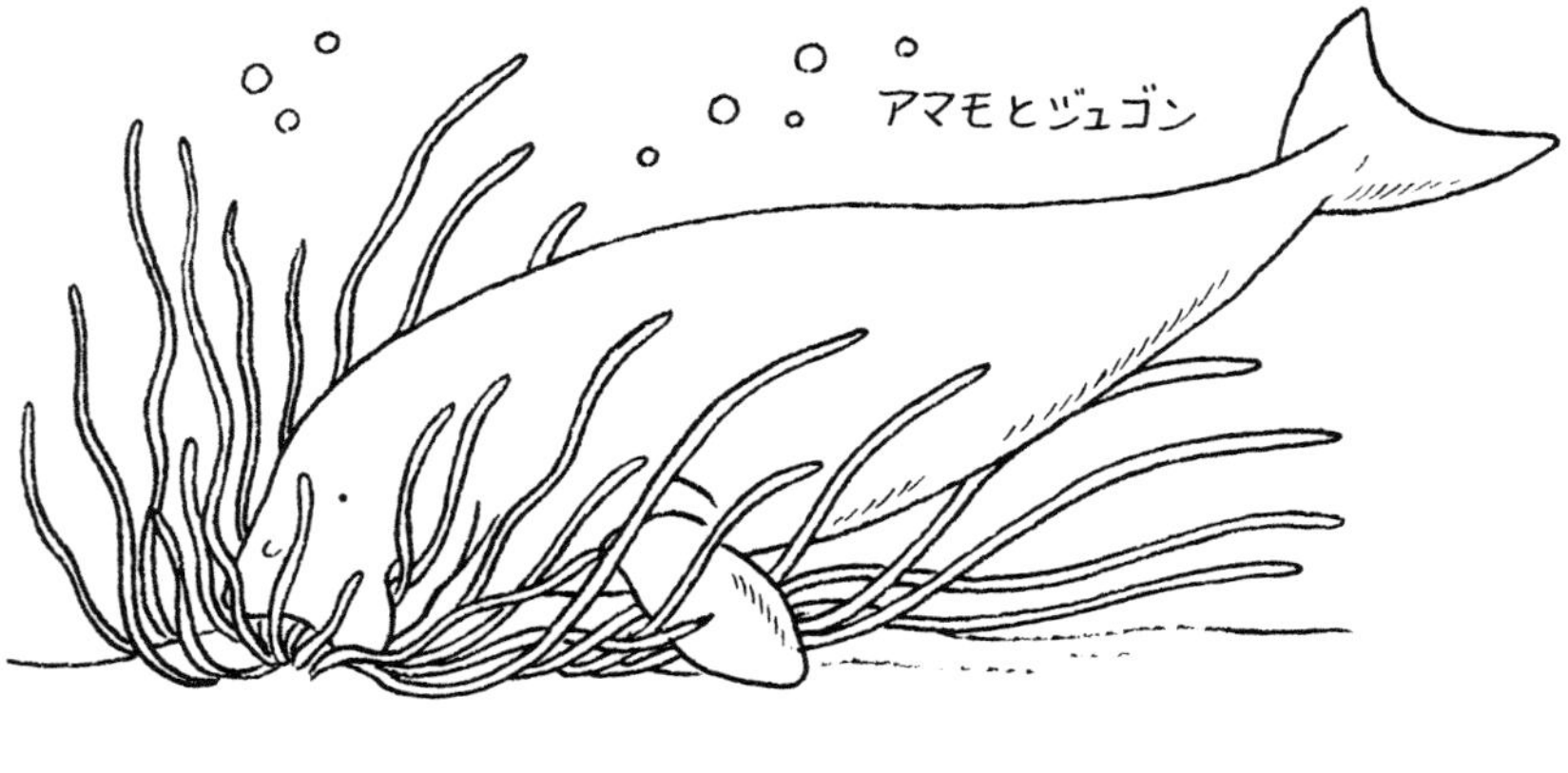

級生《きゅうせい》の何人かは清水《しみず》のかんづめ工場に就職《しゅうしょく》していました。

ちなみに、かんづめのカンも鉄《てつ》なんですよ。

海の生物《せいぶつ》は、植物《しょくぶつ》プランクトンや海藻《かいそう》から始《はじ》まる食物連鎖《しょくもつれんさ》によって生態系《せいたいけい》がつくられています。そのかぎをにぎっているのが鉄《てつ》であることを熱《あつ》く語り、講演会《こうえんかい》は大成功《だいせいこう》でした。だって主催《しゅさい》している人の名前が鉄《てつ》さんなのですから、それだけで大ウケです。

鉄《てつ》さんはそれまで、鉄《てつ》がそれほど海にとってたいせつなものであることを知らなかったそうです。「とても勉強《べんきょう》になりました。」と喜《よろこ》んでくれました。

でもそのとき、わたしはまだ、目の前の駿河湾《するがわん》とそこに流《なが》れる川と、背景《はいけい》の山とのかかわりについて、知識《ちしき》はありませんでした。三保《みほ》の松原《まつばら》に案内《あんない》してもらい、そこからながめる雄大《ゆうだい》な富士《ふじ》山《さん》の景色《けしき》を楽しんで帰ったのでした。

マリンスノー

平成《へいせい》二十九年（二〇一七）、鉄《てつ》さんから久《ひさ》しぶりに電話がありました。「今、BSテレビで駿河《するが》

駿河湾の深さ

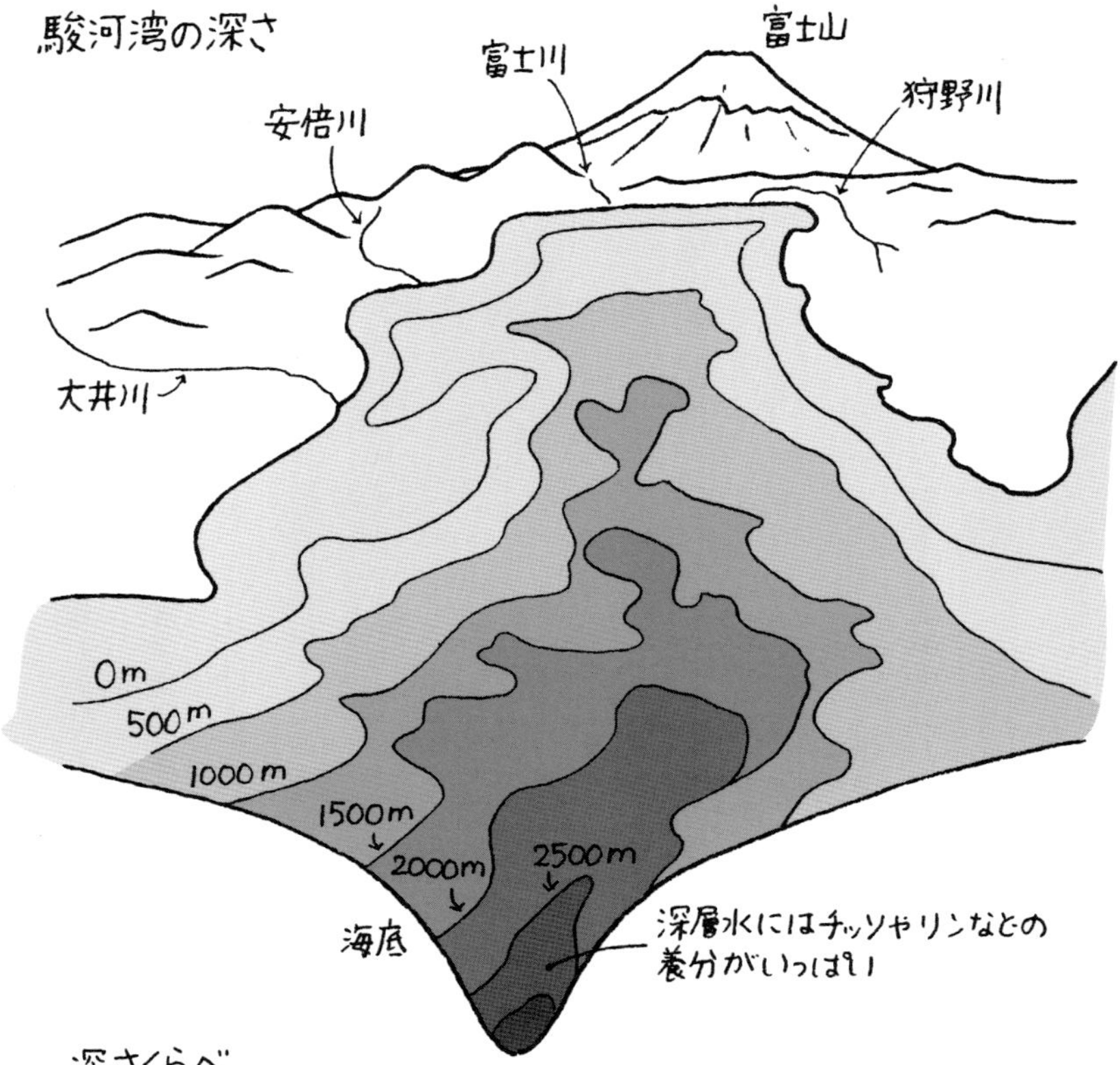

深さくらべ

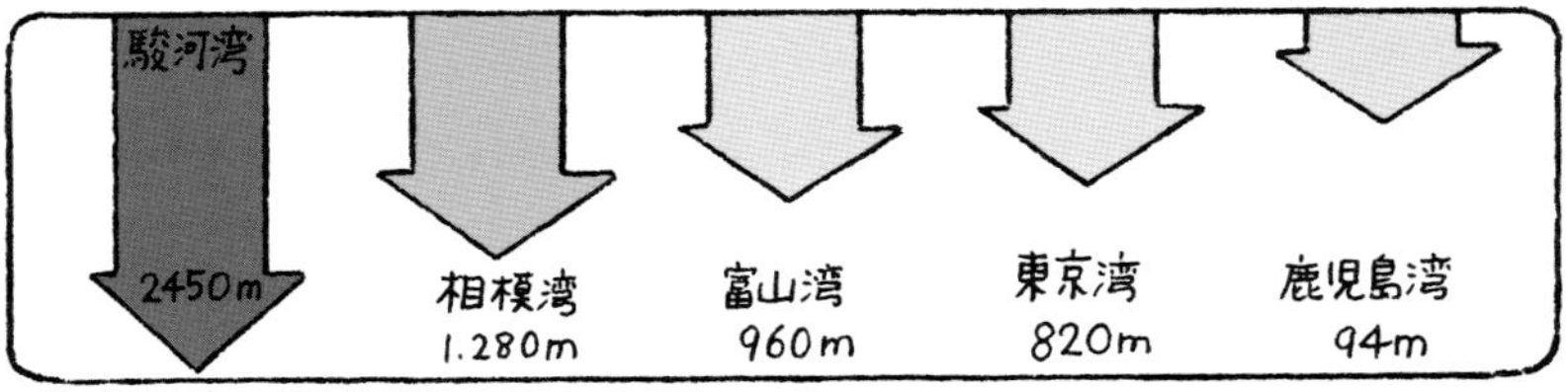

湾《わん》の番組をやっているので、見てほしい。」というのです。

急《いそ》いでスイッチを入れますと、潜水艇《せんすいてい》からの映像《えいぞう》が映《うつ》っています。

駿河湾《するがわん》は日本でいちばん深《ふか》い湾《わん》で、陸《りく》からいきなり二千五百メートルも落《お》ちこんでいる、世界《せかい》でもめずらしい地形の湾《わん》だそうです。

深《ふか》いということは深海魚《しんかいぎょ》が多く生息《せいそく》していて、ふしぎな顔をした魚たちが次々《つぎつぎ》と映《うつ》し出《だ》されています。

やがて、画面《がめん》に白い雪のようなものがただよう、見たことのない光景《こうけい》が映《うつ》りました。

マリンスノー（海の雪）です。

プランクトンの死骸《しがい》や魚の排泄物《はいせつぶつ》などが海底《かいてい》に落下《らっか》してゆく様子《ようす》が雪のように見えるので、そうよばれているのです。解説者《かいせつしゃ》が、

「駿河湾《するがわん》は、世界的《せかいてき》に見てもマリンスノーが多いことで有名《ゆうめい》です。深海《しんかい》からわき上がってくる湧昇流《ゆうしょうりゅう》が運《はこ》ぶチッソやリンなどの栄養分《えいようぶん》と、大井川《おおいがわ》、安倍川《あべかわ》、富士川《ふじかわ》、狩野川《かのがわ》などが運《はこ》ぶ森の養分《ようぶん》が重《かさ》なって、植物《しょくぶつ》プランクトンの多い豊《ゆた》かな海になっているのです。」

そのとき、わたしはひらめきました。

富士《ふじ》の高嶺《たかね》の雪がとけて、地下水となって、駿河湾《するがわん》の海底《かいてい》からわき出す。その養分《ようぶん》は鉄《てつ》にちがいない！　それでプランクトンがふえ、深海《しんかい》に海の雪・マリンスノーがふりそそぐ——なんという美《うつく》しい光景《こうけい》でしょう。

河口《かこう》マニア

そうしているうちに、静岡芙蓉《しずおかふよう》ライオンズクラブから講演《こうえん》の申《もう》しこみがありました。ライオンズクラブの会長は、静岡県《しずおかけん》しらす船曳網漁業組合組合長《せんひきあみぎょぎょうくみあいくみあいちょう》の斉藤政和《さいとうまさかず》さんでした。

斉藤《さいとう》さんは、わたしたちの「森は海の恋人運動《こいびとうんどう》」に心を動《うご》かされ、ライオンズクラブの活動《かつどう》として、静岡市《しずおかし》のまん中を流《なが》れている安倍川上流《あべかわじょうりゅう》の小学生たちを、シラス漁《りょう》の水あげで有名《ゆうめい》な用宗《もちむね》漁港《ぎょこう》にまねいていたのです。漁船《ぎょせん》の乗船体験《じょうせんたいけん》や、シラスの釜《かま》あげ、タタミイワシの製造《せいぞう》などを通して、森と川と海のつながりを子どもたちに教えつづけていたのです。

今年は芙蓉《ふよう》ライオンズクラブの四十周年《しゅうねん》にあたり、安倍川上流《あべかわじょうりゅう》の市立足久保《あしくぼ》小学校を会場に講《こう》演会《えんかい》を開《ひら》くことになったということでした。

講演《こうえん》をたのまれると、前の日にその地を訪《おとず》れ、下調《したしら》べをするのがわたしの習慣《しゅうかん》です。今回も、前の日早めに家を出て駿河湾《するがわん》に注《そそ》ぐ川の河口《かこう》を訪《おとず》れました。川が注《そそ》ぐ海の様子《ようす》を、この目でたしかめるためです。

わたしは「河口《かこう》マニア」といわれているのです。

安倍川河口《あべかわかこう》の用宗漁港《もちむねぎょこう》に行きました。（43ページの地図参照《さんしょう》）

砂浜《すなはま》が続《つづ》く駿河湾《するがわん》は、入り組んだ湾《わん》が少なく、そんな中で用宗漁港《もちむねぎょこう》は奇跡《きせき》のような入《い》り江《え》です。

百隻《せき》ちかいシラス漁《りょう》の漁船《ぎょせん》が出港《しゅっこう》の準備《じゅんび》をしていて、合図と共《とも》に、いっせいに出漁《しゅつりょう》してゆきます。

その足でこんどは、安倍川《あべかわ》の河口《かこう》へ行ってみました。二隻《せき》が組になって、シラスをとる網《あみ》を引いています。

対岸《たいがん》の静岡《しずおか》の街《まち》を見おろすように、富士山《ふじさん》が見えています。毎日、富士山《ふじさん》を見ながら漁《りょう》ができるのですから、ぜいたくな漁師《りょうし》ですね。

シラスを漁獲《ぎょかく》した船から入港《にゅうこう》して、水あげが始《はじ》まりました。安倍川《あべかわ》が注《そそ》ぐ汽水域《きすいいき》が漁場《ぎょじょう》になっていることは、だれの目にも明らかです。

新鮮《しんせん》なシラスどんぶりを食べてみました。おいしいですよ。

富士川《ふじかわ》の河口《かこう》に近い田子《たご》の浦漁港《うらぎょこう》にも行ってみました。富士山《ふじさん》が目の前です。風がなければ、富士山《ふじさん》の影《かげ》が映《うつ》るのではないかと思いました。

ここは、駿河湾名物《するがわんめいぶつ》サクラエビの漁場《ぎょじょう》として有名《ゆうめい》です。次《つぎ》から次《つぎ》へ船が入港《にゅうこう》して、ピンクのサクラエビを水あげしていました。もちろん、サクラエビのかきあげも食べました。

富士川《ふじかわ》は、富士山《ふじさん》のすそ野をめぐるように、山梨県《やまなしけん》の甲府《こうふ》のほうまで続《つづ》いています。富士山《ふじさん》の雪どけ水がサクラエビを育《はぐく》んでいるのが、よくわかりました。

わたしがまだ若《わか》かったころ、日本じゅうから公害《こうがい》のニュースが伝《つた》わっていました。この一帯《いったい》も、製紙《せいし》工場がいっぱいつくられ、名所《めいしょ》の田子《たご》の浦《うら》はその排水《はいすい》で汚《よご》れに汚《よご》れてしまったというイメージが強かったのです。ですから、じつは田子《たご》の浦《うら》を訪《おとず》れるのをためらっていたのでした。

でも、こんなにサクラエビがとれるようになったなら、明日は静岡《しずおか》の子どもたちに希望《きぼう》をあたえる話ができると思いました。

シラスとサクラエビとお茶とワサビ、そしてダルマ石

翌日《よくじつ》、安倍川沿《あべかわぞ》いの道を車で上ってゆきました。運転《うんてん》してくださっているのは、講演会《こうえんかい》の実行《じっこう》委員長《いいんちょう》の鳥巣忠男《とりすただお》さんです。

講演会《こうえんかい》のタイトルをきいておどろきました。〝鉄《てつ》は魔法《まほう》つかい――命《いのち》と地球《ちきゅう》を育《はぐく》む「鉄《てつ》」物語《ものがたり》〟でした。鉄《てつ》さんがきいたらどんなに喜《よろこ》ぶことでしょう。

川原の石が、丸くて赤っぽいです。鳥巣《とりす》さんが、

「あれはダルマ石といって、赤い色は鉄《てつ》ですよ。」

と教えてくれました。

鳥巣《とりす》さんは歯科医《しかい》で、学校医《がっこうい》でもありました。防衛医大出《ぼうえいいだいしゅつ》身《しん》で、若《わか》いころは海上自衛隊医師《かいじょうじえいたいいし》として世界《せかい》の海をまわっていました。鉄《てつ》とプランクトンについて興味《きょうみ》があったのです。

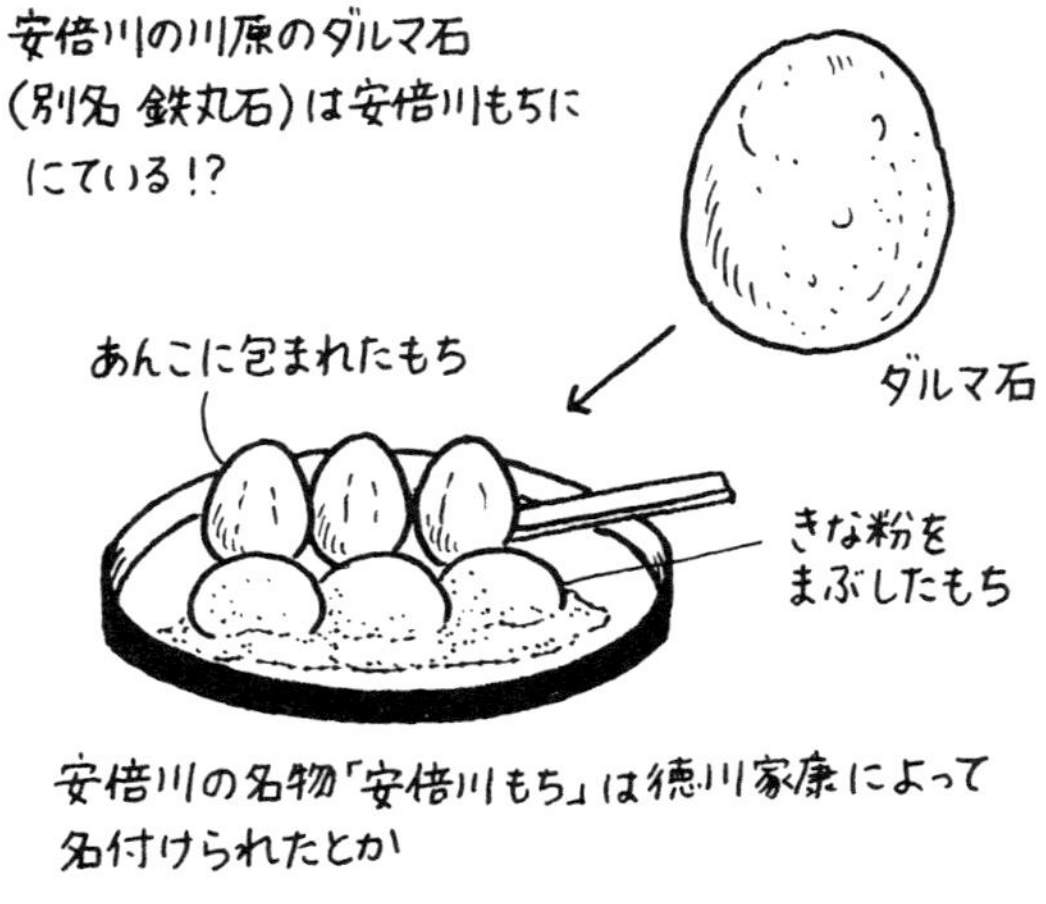

安倍川の川原のダルマ石
(別名 鉄丸石)は安倍川もちに
にている!?
ダルマ石
あんこに包まれたもち
きな粉を
まぶしたもち
安倍川の名物「安倍川もち」は徳川家康によって
名付けられたとか

足久保《あしくぼ》小学校に近づくにつれて、みごとなお茶の畑《はたけ》が広がります。沢沿《さわぞ》いにはワサビ畑《ばたけ》も見えます。静岡《しずおか》の名産《めいさん》をささえているのが鉄《てつ》であることは、一目瞭然《いちもくりょうぜん》です。ここは、お茶とワサビの栽培《さいばい》の発祥《はっしょう》の地であることもわかりました。

学校の体育館《たいいくかん》には、ライオンズクラブの会員《かいいん》が集《あつ》まって準備《じゅんび》をしていました。いろいろな職業《しょくぎょう》の集団《しゅうだん》ですが、故郷《こきょう》・静岡《しずおか》を愛《あい》している人ばかりです。むかしは児童《じどう》の数が多かったようで、広い体育館《たいいくかん》です。今は児童数《じどうすう》が減《へ》っているので、どれだけ人が来るかと、先生たちは心配《しんぱい》な顔をしています。

ところが、時間が近づくと、どんどん人が集《あつ》まってきました。親子づれが多いのです。街《まち》のほうからもきているのです。

体育館《たいいくかん》はほぼいっぱいになりました。低学年《ていがくねん》の子どもたちもたくさんいます。このように、小さな子どもから大人までごちゃまぜの人たちに話をするのはむずかしいことですが、下見をしていたので自信《じしん》がありました。

「富士山《ふじさん》は好《す》きですか?」

と話すと、

「好《す》きー！」

と、体育館《たいいくかん》が割《わ》れるような声です。

「世界遺産《せかいいさん》になったのは、知っていますか？」

の質問《しつもん》には、

「知ってるー‼」

と、同じくらいの声です。次《つぎ》に、

「サクラエビは好《す》きですか？」

と問《と》いかけてみました。

「エビせんべいー。」

「かきあげー。」

など、中くらいの声です。

「シラスは好《す》きですか？」

には、

「かまあげー。」

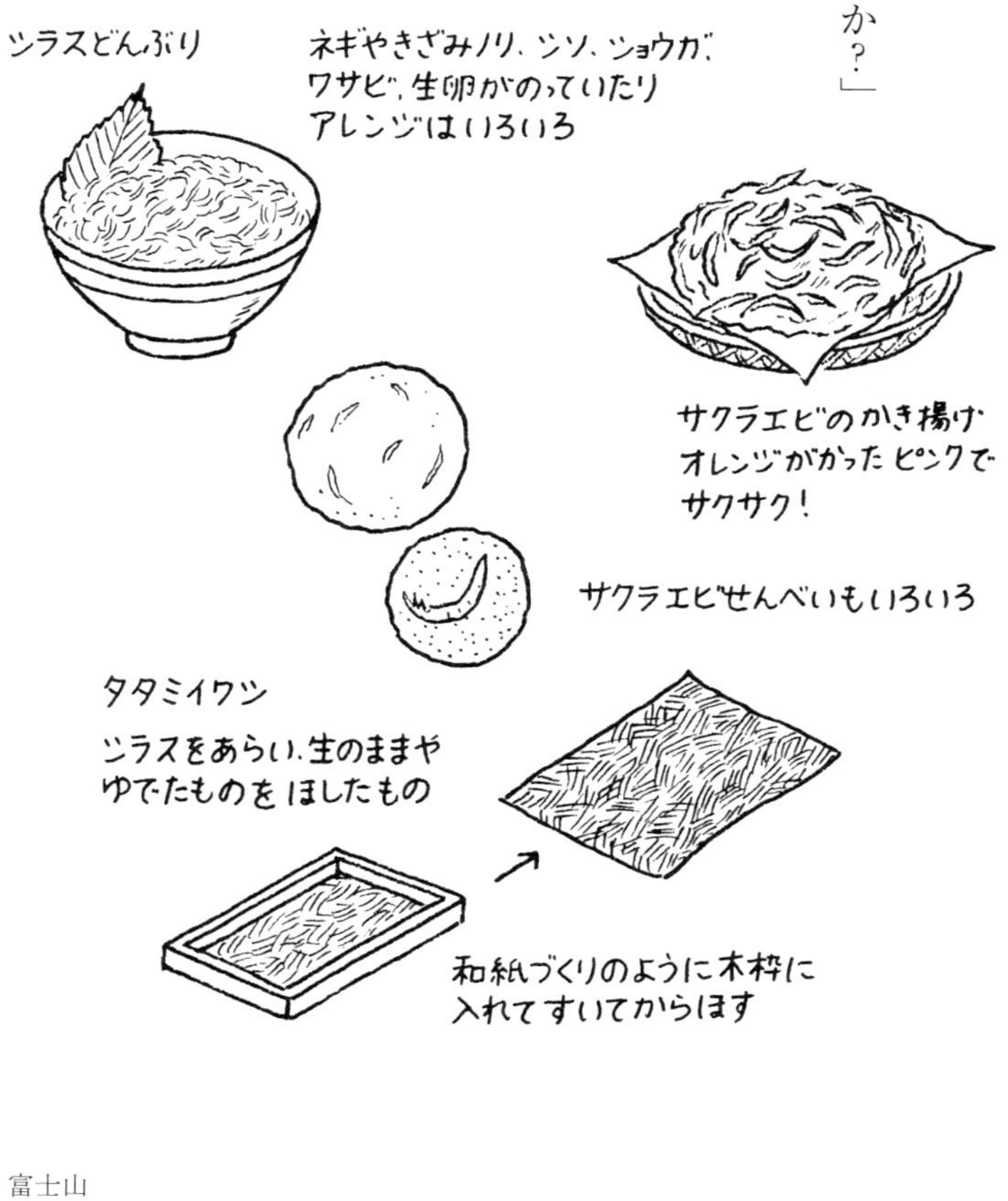
シラスどんぶり
ネギやきざみノリ、シソ、ショウガ、
ワサビ、生卵がのっていたり
アレンジはいろいろ
サクラエビのかき揚げ
オレンジがかったピンクで
サクサク!
サクラエビせんべいもいろいろ
タタミイワシ
シラスをあらい、生のままや
ゆでたものをほしたもの
和紙づくりのように木枠に
入れてすいてからほす

「タタミイワシー。」

「ご飯《はん》にかけるー。」

など、なかなかの声です。毎年、上級生《じょうきゅうせい》が用宗漁港《もちむねぎょこう》に体験学習《たいけんがくしゅう》に行っているからなんですね。

斉藤《さいとう》会長もニコニコしています。

でも、こんな会話だけでは勉強《べんきょう》になりません。いよいよ鉄《てつ》の話をしなければなりません。

「さて、みなさん、サクラエビやシラスはなにを食べているか知っていますか?」

と質問《しつもん》してみました。今までとちがって、シーンとしています。

「小さな体の生《い》き物《もの》ですから、小さいものですよね。」

と助言《じょげん》しました。でも、シーンとしています。

「肉眼《にくがん》でやっと見えるほどの動物《どうぶつ》プランクトンを食べています。コペポーダともいいますよ。」

と話すと、低学年《ていがくねん》の子が「コッペパン?」と言ったので、大笑《おおわら》いとなりました。

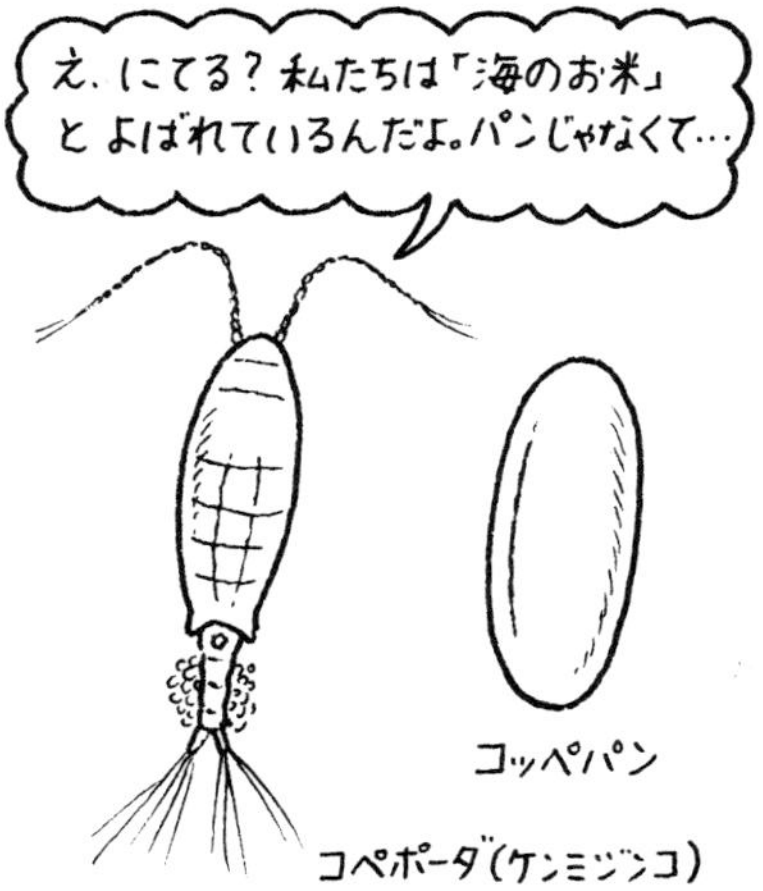

え、にてる?私たちは「海のお米」とよばれているんだよ。パンじゃなくて…
コッペパン
コペポーダ(ケンミジンコ)

「では、動物《どうぶつ》プランクトンはなにを食べていますか？　カキも同じものを食べているんですよ。わたしはカキじいさんともよばれ、カキの養殖《ようしょく》をしているので、ときどきプランクトンネットを引っぱって、顕微鏡《けんびきょう》をのぞいています。カキのえさを調《しら》べているのです。」

「植物《しょくぶつ》プランクトン！　教科書に出てた！」

　とつぜん大きな声がしました。上級生《じょうきゅうせい》でした。東北地方のカキ漁師《りょうし》たちが、カキのえさの植物《しょくぶつ》プランクトンをふやすために山に木を植《う》えている「森は海の恋人運動《こいびとうんどう》」のことが、五年生の社会の教科書に出ているのです。

　そこで、食物連鎖《しょくもつれんさ》の話をしました。海ではまず、植物《しょくぶつ》プランクトンが生まれ、そして、動物《どうぶつ》プランクトン、シラスやサクラエビ、イワシ、サバ、カツオというように、だんだん大きな魚が育《そだ》っていくのです。

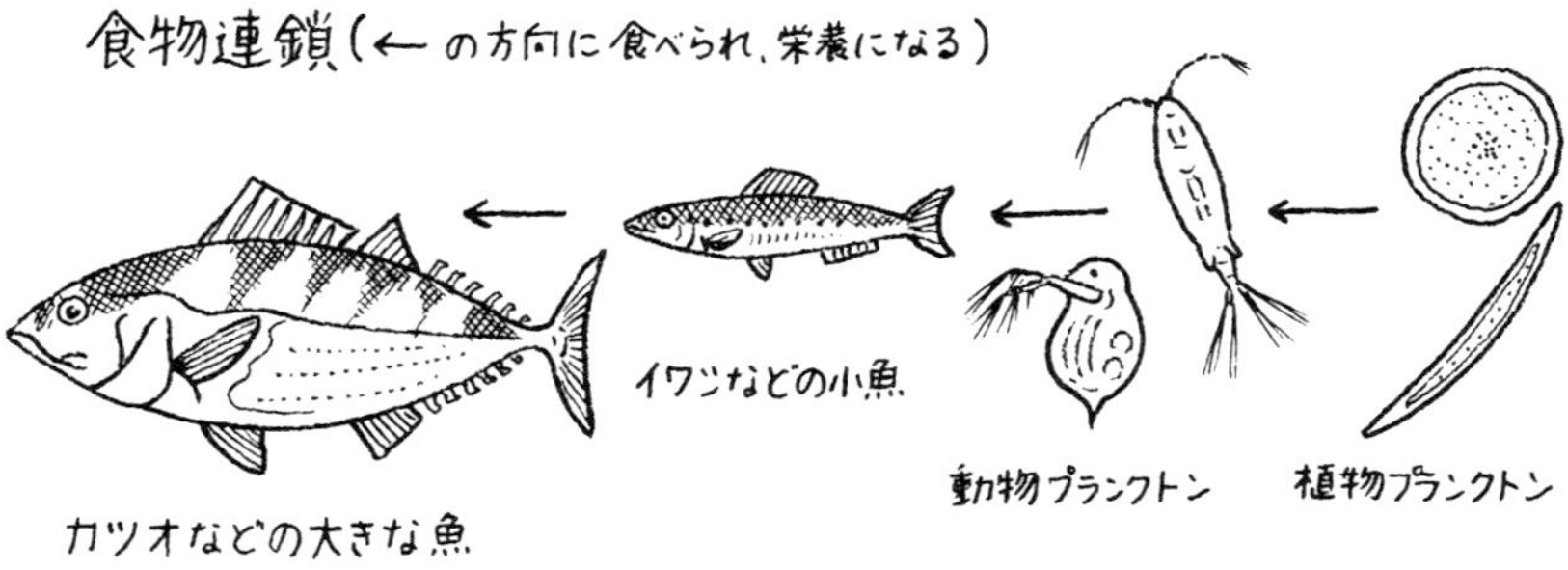
食物連鎖（←の方向に食べられ、栄養になる）
イワシなどの小魚
動物プランクトン
植物プランクトン
カツオなどの大きな魚

シラスやサクラエビを知っているのでイメージしやすいのでしょう。みんなこっちを向《む》いています。

「では、植物《しょくぶつ》プランクトンはなにを食べて育《そだ》っているのでしょう？　静岡名産《しずおかめいさん》のお茶もワサビも植物《しょくぶつ》です。植物《しょくぶつ》プランクトンも同じ植物《しょくぶつ》です。どうですか？」

と話してみました。

「肥料《ひりょう》！」という声がしました。さすがはお茶の産地《さんち》の子どもたちです。お茶を育《そだ》てるには大量《たいりょう》の肥料《ひりょう》がいることをきいているのですね。

「チッソとかリンという肥料《ひりょう》のことを知っていますか？」

と質問《しつもん》すると、お茶農家《のうか》の子でしょうか、うなずいています。

　さあ、いよいよ鉄《てつ》の話になります。

「植物《しょくぶつ》にとって、チッソやリンなどの肥料《ひりょう》はたいせつ

ですが、それを体の中にとり入れるには鉄《てつ》が必要《ひつよう》です。鉄《てつ》は、肥料《ひりょう》を体の中にとり入れる助《たす》けをする役目《やくめ》をしているのです。

お茶《ちゃ》の葉《は》は緑《みどり》ですね。この緑《みどり》を、葉緑素《ようりょくそ》とかクロロフィルといいます。お茶の緑《みどり》の色をつくるにも、鉄《てつ》がぜったいに必要《ひつよう》です。

ここを流《なが》れる安倍川《あべかわ》の石は、ダルマ石といって赤っぽいですね。じつはこの赤は鉄《てつ》の色なんですよ。今朝、みなさんの校医《こうい》の歯医者《はいしゃ》さんの鳥巣《とりす》先生からききました。この足久保《あしくぼ》の山の石や土には、鉄《てつ》が多くふくまれているはずです。だから、お茶やワサビの栽培《さいばい》に適《てき》しているんですね。」

窓《まど》から見える景色《けしき》が舞台《ぶたい》の話ですから、すーっと頭に入ってゆくのがわかりました。子どもたちよりも、お父さんやお母さんのほうが大きくうなずいていました。

フルボ酸鉄《さんてつ》についても話しました。

「鉄《てつ》は酸素《さんそ》にふれるとさびますね？　そして沈殿《ちんでん》しますね？

秋になると、雑木林《ぞうきばやし》の葉《は》がくさり、腐葉土《ふようど》になります。そのとき、フルボ酸《さん》というものができます。フルボ酸《さん》は鉄《てつ》と仲《なか》がよく、すぐに土の中の鉄《てつ》とくっついて、フルボ酸鉄《さんてつ》となります。フルボ酸鉄《さんてつ》になると、川や海に流《なが》れてきても沈殿《ちんでん》せずに浮《う》かんでいます。だから植物《しょくぶつ》プランクトンが吸収《きゅうしゅう》できるのです。

安倍川《あべかわ》から流《なが》れてくるフルボ酸鉄《さんてつ》が海に届《とど》き、植物《しょくぶつ》プランクトンが生まれ、それを食べて動物《どうぶつ》プランクトン（コペポーダ）が生まれ、それを食べて、シラスやサクラエビになるのです。わかりますね？」

子どもから大人まで、うなずいています。

でも、この先にフィナーレが待《ま》っているのです。

富士山《ふじさん》は駿河湾《するがわん》の恋人《こいびと》

「ここへ来る前、ＢＳ放送《ほうそう》で駿河湾《するがわん》にもぐっている潜水艇《せんすいてい》からの映像《えいぞう》を見ました。海の中に雪のようなものがふっていました。マリンスノーといって、プランクトンの死骸《しがい》や魚の排泄物《はいせつぶつ》が海底《かいてい》に落《お》ちていっているのです。

駿河湾《するがわん》は、世界《せかい》でも、マリンスノーが多い海だそうです。つまり、それは食物連鎖《しょくもつれんさ》の底辺《ていへん》をささえる植物《しょくぶつ》プランクトンが多いということで、豊《ゆた》かな海の代名詞《だいめいし》なのです。

みなさんは、駿河湾《するがわん》が日本の湾《わん》の中でいちばん深《ふか》いって知っていましたか？　いきなり海が二千五百メートルも深《ふか》くなっていることでも有名《ゆうめい》です。この地形が、深《ふか》い海を流《なが》れている深層水《しんそうすい》というチッソやリンの多い水を、プランクトンがすんでいる浅《あさ》い海まで押《お》し上《あ》げているのです。

でも、鉄《てつ》がなければプランクトンはふえません。鉄《てつ》はどこから来ているのでしょうか。

もちろん、安倍川《あべかわ》からも来ています。そして駿河湾《するがわん》には、ほかにも大井川《おおいがわ》・富士川《ふじかわ》・狩野川《かのがわ》が流《なが》れこんでいます。

わたしは昨日《きのう》、富士川河口《ふじかわかこう》に行って、気がついたことがあります。富士山《ふじさん》は火山だということです。

マグマが地球《ちきゅう》の深《ふか》いところから上がってきて、爆発《ばくはつ》をくりかえし、富士山《ふじさん》はできたのです。じつは、地球《ちきゅう》は鉄《てつ》の惑星《わくせい》といわれていて、マグマにはすごく鉄《てつ》がふくまれているのです。

富士山《ふじさん》は、駿河湾《するがわん》に鉄《てつ》を届《とど》けていたのです。」

子どもから大人まで、「えっ？」という顔になりました。

その姿《すがた》の美《うつく》しさを静岡《しずおか》の人は自慢《じまん》にしているでしょう。が、駿河湾《するがわん》の海の生《い》き物《もの》も育《そだ》てていることとなると、富士山《ふじさん》の価値《かち》がまったくちがったものになります。今まで、海の生《い》き物《もの》とのかかわりで、富士山《ふじさん》を見たことはなかったでしょう！

日本一高い富士山《ふじさん》は、日本一深い駿河湾《するがわん》とつながっているのです。

「〝富士山《ふじさん》は駿河湾《するがわん》の恋人《こいびと》〟ですね。」

と、話を終《お》わらせると、大きな拍手《はくしゅ》をいただいたのでした。

次郎長《じろちょう》親分・鉄《てつ》親分

その夜、清水《しみず》の鉄《てつ》さんと再会《さいかい》しました。

〝鉄《てつ》は魔法《まほう》つかい――命《いのち》と地球《ちきゅう》を育《はぐ》む「鉄《てつ》」物語《ものがたり》〟という講演《こうえん》タイトルを明かすと、「恥《は》ずかしくて街《まち》を歩けませんね。」と、おおいに照《て》れていました。

鉄《てつ》さんは今、一般社団法人日本潜水協会《いっぱんしゃだんほうじんにほんせんすいきょうかい》会長というとてもたいせつな役目《やくめ》をされています。

清水《しみず》といえば、清水次郎長《しみずのじろちょう》親分が有名《ゆうめい》ですが、鉄《てつ》さんは、日本の潜水士《せんすいし》の親分になっていたのです。

平成《へいせい》二十三年（二〇一一）に起《お》きた大津波《おおつなみ》では、多くの方が津波《つなみ》に流《なが》されて亡《な》くなりました。

わたしの住《す》む気仙沼湾《けせんぬまわん》でも、たくさんの方のご遺体《いたい》が海に沈《しず》んでいました。鉄《てつ》さんの一声で、日本じゅうの潜水士《せんすいし》がかけつけ、ご遺体《いたい》の捜索《そうさく》に協力《きょうりょく》してくれたのです。

鉄《てつ》さんから話をきかせてもらいました。

「むかしから潜水夫《せんすいふ》には、ご遺体捜索《いたいそうさく》の話が来たら断《ことわ》ってはいけない、という仲間内《なかまうち》の約束《やくそく》があります。

わたしは、十九歳《さい》で潜水夫《せんすいふ》になりましたが、二十一歳《さい》のとき、初《はじ》めて捜索《そうさく》をたのまれました。親方から、その方は身内《みうち》だと思え、と言われました。『身内《みうち》なんだ、身内《みうち》なんだ。』と、自分に言いきかせて引きあげました。

三十代《だい》から四十代《だい》のころは、夜に「しらせ」を受《う》けるようになりました。ドアがバタバタしたり、小さな人が立っているのが見えるのです。翌朝《よくあさ》、『捜索《そうさく》の依頼《いらい》があるかもしれないぞ。』と待《ま》っていると、ほとんどそのとおりになりました。『親戚《しんせき》だと思ってさがそう。』と、みんなに声をかけ、もぐりました。

海だけでなく、川にも、湖《みずうみ》にも、下水の中にも、水があればもぐるのが潜水夫《せんすいふ》ですよ。」

その話をきき、わたしは清水次郎長《しみずのじろちょう》親分の伝記《でんき》『東海遊侠伝《とうかいゆうきょうでん》』を思い出していました。

明治《めいじ》元年（一八六八）九月、幕府《ばくふ》の軍艦《ぐんかん》・咸臨丸《かんりんまる》が清水港《しみずみなと》に入り碇泊《ていはく》していました。乗《の》り組《く》んでいた幕兵《ばくへい》は上陸《じょうりく》し、艦《かん》にはわずか数十人が留守《るす》をしていたのです。

そこへ官軍《かんぐん》の軍艦《ぐんかん》が三隻《せき》で襲撃《しゅうげき》を加《くわ》えたのです。留守《るす》の幕兵《ばくへい》の兵士《へいし》は、全《ぜん》員《いん》討《う》ち死《じ》にしました。その遺体《いたい》を官軍《かんぐん》は、海に投《な》げ捨《す》てたままにしておいたのです。遺体《いたい》は湾内《わんない》に浮《う》かび、数日がたちましたが、官軍《かんぐん》をおそれてだれも収容《しゅうよう》する人がおらず、遺体《いたい》はいたんでいきました。

次郎長《じろちょう》親分は子分をつれて舟《ふね》をこがせ、七体の遺体《いたい》を収容《しゅうよう》し、老《お》い松《まつ》の下に葬《ほうむ》ったのです。そして、こう言いました。

清水次郎長
（山本長五郎）
1820～1893

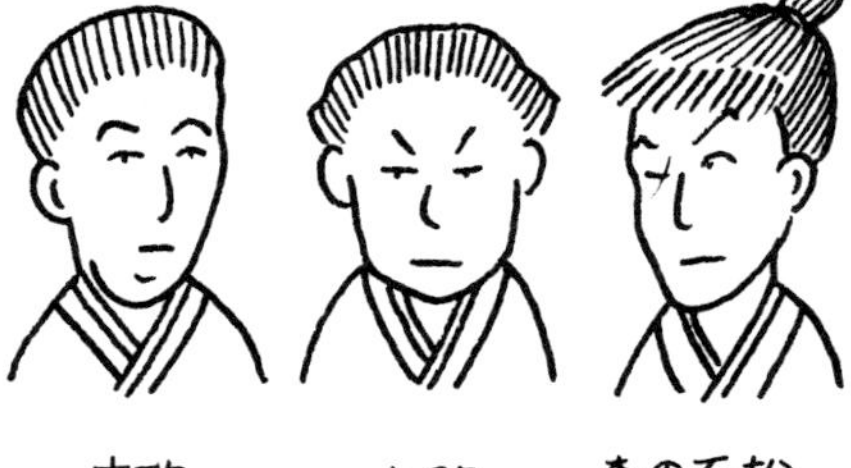
次郎長 子分28人衆の代表！
大政
小政
森の石松

「死《し》んでしまえば、だれしも仏《ほとけ》じゃないか。敵《てき》も味方《みかた》もない。」

さらに盛大《せいだい》な法事《ほうじ》をいとなみ、悲運《ひうん》の戦士《せんし》を供養《くよう》したのでした。

この行いを評価《ひょうか》したのが、静岡藩《しずおかはん》の幹事役《かんじやく》をつとめていた山岡鉄舟《やまおかてっしゅう》です（また、鉄《てつ》が出てきましたね）。向島《むこうじま》の埋葬箇所《まいそうかしょ》にみずから筆《ふで》をとって、「壮士之墓《そうしのはか》」と記《しる》したのです。

山岡鉄舟《やまおかてっしゅう》に認《みと》められた次郎長《じろちょう》は、静岡藩《しずおかはん》の命《めい》を受《う》け、市中取締《しちゅうとりしまり》という役《やく》につき、幕末《ばくまつ》から明治《めいじ》へと時代《じだい》が大きく変《か》わってゆくとき、静岡《しずおか》の発展《はってん》のため、大きな働《はたら》きをしたのです。

潜水夫《せんすいふ》の鉄芳松《てつよしまつ》さんを、清水次郎長《しみずのじろちょう》と重《かさ》ねて思ってしまいます。ですから、わたしは鉄《てつ》さんを「鉄《てつ》親分」とよんでいるのです。

翌日《よくじつ》、鉄《てつ》さんに案内《あんない》され、壮士之墓《そうしのはか》にお参《まい》りし、次郎長《じろちょう》の菩提寺《ぼだいじ》である梅蔭寺《ばいいんじ》を訪《おとず》れました。次郎長《じろちょう》をはじめ、大政《おおまさ》、小政《こまさ》、森《もり》の石松《いしまつ》などのお墓《はか》があります。

山岡鉄舟
1836〜1888

線香《せんこう》をたむけ、お参《まい》りしました。なんとお墓《はか》のそばには、大きなソテツの木があります。

ソテツは「蘇鉄《そてつ》」と書くのですよ。

蘇鉄《そてつ》の下で鉄《てつ》さんと、記念《きねん》の写真《しゃしん》を撮《と》りました。

ソテツと鉄さん

ふしぎな裁判《さいばん》

清水《しみず》の鉄《てつ》さんと再会《さいかい》してまもなく、気になる新聞記事《きじ》が目にとまりました。

山梨県《やまなしけん》の県会議員団《けんかいぎいんだん》が、平成《へいせい》二十五年（二〇一三）一月に富士山《ふじさん》の世界遺産登録《せかいいさんとうろく》に向《む》けた環境《かんきょう》保護対策《ほごたいさく》の調査《ちょうさ》・研究《けんきゅう》などを目的《もくてき》にして、フランスの大西洋沿岸《たいせいようえんがん》にある世界遺産《せかいいさん》、モン＝サン＝ミッシェルを視察《しさつ》したそうです。

ところが市民団体《しみんだんたい》が、「海なし県《けん》の山梨《やまなし》の県会議員《けんかいぎいん》がフランスの海辺《うみべ》に行くのはおかしい。これは視察《しさつ》ではなく観光目的《かんこうもくてき》だったのではないか。」として、そのときに使《つか》われた旅費《りょひ》や宿泊費《しゅくはくひ》の返還《へんかん》を求《もと》め、裁判《さいばん》に訴《うった》えたのです。四月二十六日、東京高等裁判所《とうきょうこうとうさいばんしょ》で判決《はんけつ》が言いわたされました。

裁判長《さいばんちょう》は、富士山《ふじさん》の環境保護《かんきょうほご》を目的《もくてき》としたフランスの視察《しさつ》について、「山に囲《かこ》まれた山梨県《やまなしけん》が、フランスの海岸沿《かいがんぞ》いを視察《しさつ》する必要性《ひつようせい》が判然《はんぜん》としない。」として、当時の県会議員《けんかいぎいん》十一人に計五百六十万円を返《かえ》させるよう県《けん》に命《めい》じた、という記事《きじ》でした。

さあ、みなさん、この判決《はんけつ》をどう思いますか？

この本をここまで読んできたあなたは、「ちょっと待《ま》てよ。」と思ったかもしれませんね。東海道新幹線《とうかいどうしんかんせん》で海側《うみがわ》から富士山《ふじさん》を見ている人が多いせいか、富士山《ふじさん》が世界遺産《せかいいさん》になったニュースも海側《うみがわ》の静岡県《しずおかけん》から発《はっ》せられるものが多いようです。でも、富士山《ふじさん》のほぼ半分は山梨県《やまなしけん》です。「内陸側《ないりくがわ》の山梨県《やまなしけん》からのユニークなニュースかな。」と思って記事《きじ》を読みはじめたわたしは、頭をかかえてしまいました。

訴《うった》えられた県会議員《けんかいぎいん》の方々は、フランス視察《しさつ》の報告《ほうこく》が、山梨県《やまなしけん》の将来《しょうらい》のためにどう生かされるか、説明《せつめい》がじゅうぶんにできなかったのでしょう。

このような判決《はんけつ》をくだしつづけると、この美《うつく》しい日本は滅《ほろ》びてしまうのでは、と心配になるのです。

山梨県《やまなしけん》は〝お得意《とくい》さん〟

じつはわたしは若《わか》いころ、山梨《やまなし》に通っていました。〝海《うみ》なし県《けん》〟山梨《やまなし》は、どういうわけかカキ、ホタテなどの貝類《かいるい》がよく売れる地なのです。だからセールスに通っていたのです。ちかごろは、マグロの消費《しょうひ》が日本一であることもわかったので、山梨県《やまなしけん》は漁師《りょうし》にとって、大得意先《おおとくいさき》なのです。山梨《やまなし》に足を向《む》けて寝《ね》られない——これは漁師《りょうし》の正直な気持《きも》ちです。ですから、今回のような判決《はんけつ》はとても気になるのです。

モン・サン＝ミッシェル

山梨県《やまなしけん》の県会議員団《けんかいぎいんだん》が視察《しさつ》に行ったモン・サン＝ミッシェルも、わたしにとってたいせつな地です。

モン・サン＝ミッシェルのあるサン＝マロ湾《わん》は、カキやムール貝などの養殖《ようしょく》で有名《ゆうめい》なのです。フランスのカキ生産者《せいさんしゃ》と宮城県《みやぎけん》のカキ生産者《せいさんしゃ》は、カキの種苗《しゅびょう》を通じて五十年も前から交流《こうりゅう》があるのです。ですから、わたしは何度《なんど》も訪《おとず》れています。

フランスのカキ生産者《せいさんしゃ》は、古くからカキの種苗《しゅびょう》をポルトガルから輸入《ゆにゅう》していました。そのカキの英名《えいめい》はポルトゲーゼといいます。

ところが五十年前、このカキにウイルス性《せい》の病気《びょうき》が発生《はっせい》し、ほぼ全滅《ぜんめつ》しかけたのです。

そこでフランスの生産者《せいさんしゃ》が目をつけたのは、百年前アメリカの西海岸《にしかいがん》に日本から運《はこ》ばれて養殖《ようしょく》に成功《せいこう》していたマガキ（学名、クラスオストレア・ギガス）の種苗《しゅびょう》でした。それは宮城《みやぎ》県《けん》の北上川《きたかみがわ》河口《かこう》でとれ、ミヤギ種《だね》とよばれます。

東北大学《とうほくだいがく》の今井丈夫《いまいたけお》教授《きょうじゅ》の仲《なか》だちでフランスに移入《いにゅう》されたミヤギ種《だね》は、フランスの海ですくすく育《そだ》ち、フランスのカキ養殖漁民《ようしょくぎょみん》や、観光《かんこう》・レストラン業者《ぎょうしゃ》の生活を救《すく》ったのです。東日本大震災《ひがしにほんだいしんさい》の折《おり》には、そのときの恩義《おんぎ》があると、フランスの方々がいち早く立ちあがってくれ、義援金《ぎえんきん》を送《おく》ってくれたのでした。

モン・サン＝ミッシェルはサン＝マロ湾《わん》に浮《う》かぶ小さな島《しま》で、かつては、干潮《かんちょう》のときは歩いてわたれましたが、潮《しお》が満《み》ちてくるとわたれませんでした。そんな神秘的《しんぴてき》な自然環境《しぜんかんきょう》により古くから修道院《しゅうどういん》が設立《せつりつ》され、修行《しゅぎょう》の場として有名《ゆうめい》になり、フランスを代表《だいひょう》する世界遺産《せかいいさん》となったのです。

サン＝マロ湾《わん》は、大小の川の水が流《なが》れこむ汽水域《きすいいき》です。森の養分《ようぶん》であるフルボ酸鉄《さんてつ》が供給《きょうきゅう》され

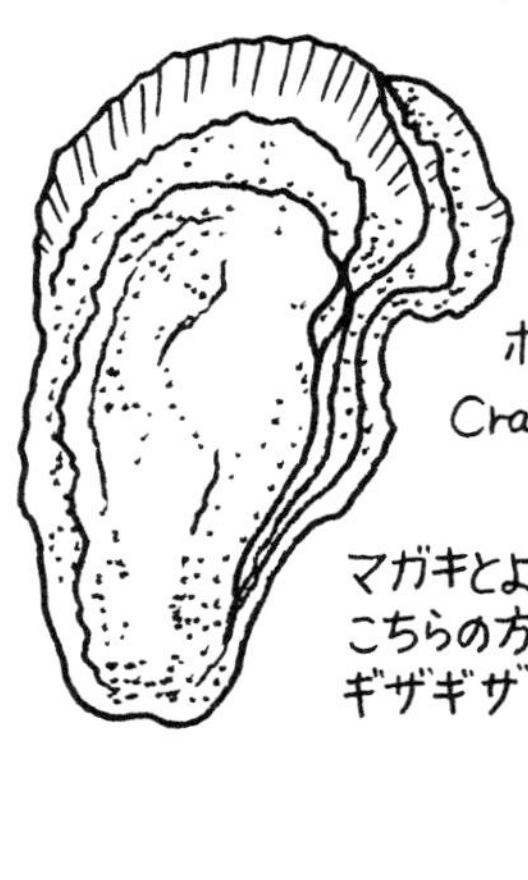
ポルトゲーゼ
Crassostrea angulata
マガキとよくにているが
こちらの方が まわりの
ギザギザが ゆるやか

ていて二枚貝《にまいがい》のえさとなる植物《しょくぶつ》プランクトンが多いのです。

ですから全世界《ぜんせかい》から訪《おとず》れる観光客《かんこうきゃく》は、聖地《せいち》モン・サン＝ミッシェルの巡礼《じゅんれい》のほかに大きな楽しみを求《もと》めてここを訪《おとず》れます。

それは、「フリュイ・ド・メール（海のフルーツ）」とよばれる海鮮料理《かいせんりょうり》です。

大きな銀盆《ぎんぼん》に盛《も》った海鮮盛《かいせんも》りあわせと冷《ひ》えた白ワインは観光客《かんこうきゃく》をとりこにしています。

甲府名物《こうふめいぶつ》・煮貝《にがい》

この新聞記事《きじ》を読んでピーンとくるものがあり、清水《しみず》の鉄《てつ》さんに電話してみました。すると、

「海から離《はな》れた甲斐《かい》（山梨《やまなし》）と海に面《めん》した駿河《するが》（静岡《しずおか》）は、あるものを通して密接《みっせつ》な関係《かんけい》にありますよ。そのことを裁判長《さいばんちょう》が

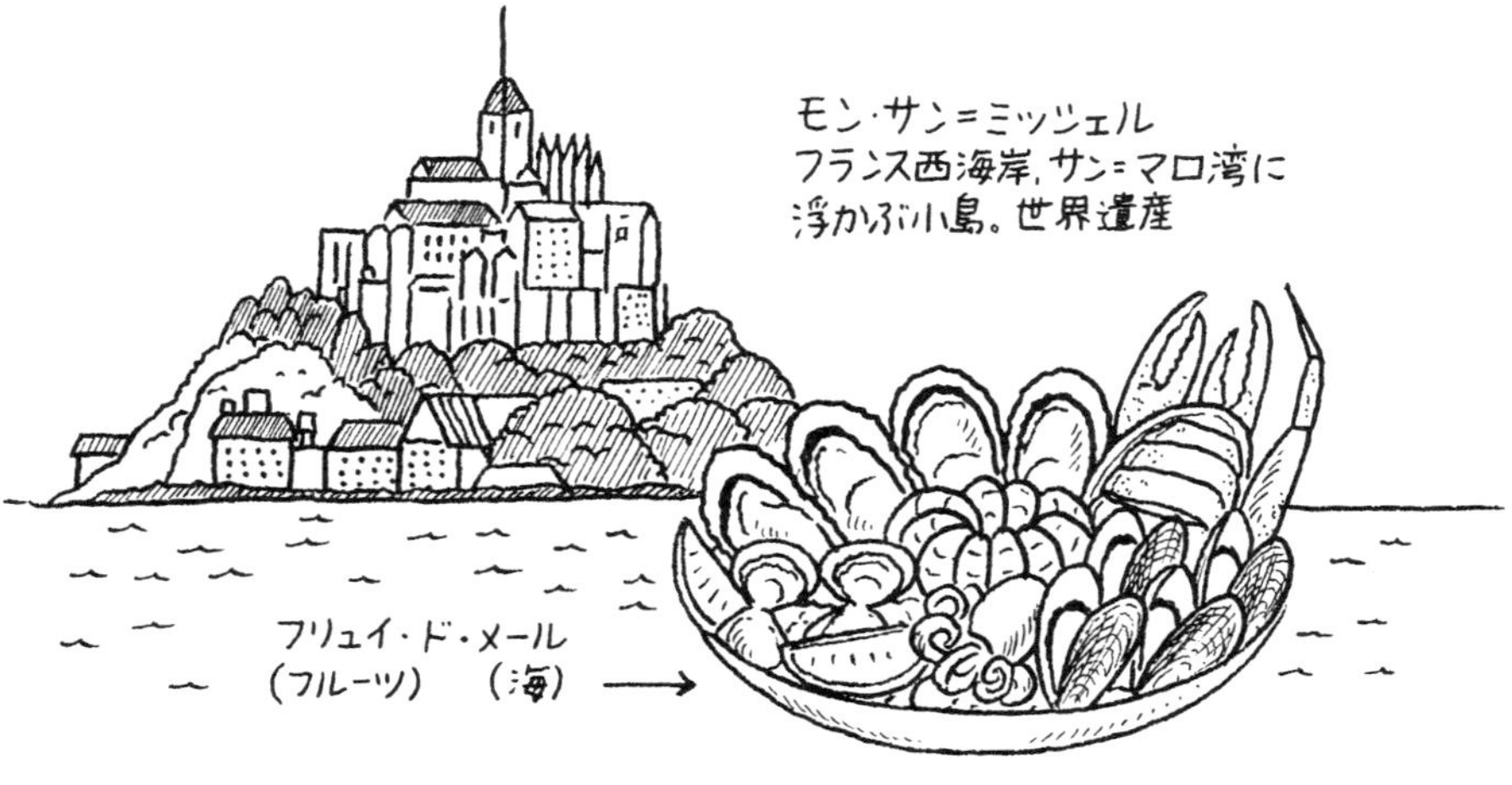

知っていたら、判決《はんけつ》がちがっていたかもしれませんよ。」

というのです。

「あるもの？」と問《と》うと、

「それは煮貝《にがい》です。アワビの煮《に》たものが海なし県山梨《けんやまなし》の名物《めいぶつ》なのです。

わたしは若《わか》いころ、駿河湾《するがわん》でもアワビ漁《りょう》をしていたのでくわしいですよ。」

という返事《へんじ》です。

わたしは、煮貝《にがい》のことは知っていましたが食べたことがありませんでした。矢《や》も盾《たて》もたまらず仕事《しごと》で東京に出たとき、新宿《しんじゅく》から特急《とっきゅう》かいじに乗《の》って、山梨県《やまなしけん》の甲府《こうふ》に向《む》かいました。

大月《おおつき》を過《す》ぎたところで、手元の地図を見ると富士山《ふじさん》が源流《げんりゅう》である桂川《かつらがわ》が流《なが》れています。桂川《かつらがわ》は神奈川県《かながわけん》に下ると相模川《さがみがわ》となり、相模湾《さがみわん》へと注《そそ》いでいきます。

甲府《こうふ》が近づくと、ブドウ畑《ばたけ》が目にとびこんできました。わたしは、ブドウからつくられるワインが頭に浮《う》かびました。フランスでは、冷《ひ》えた白ワインと生ガキが出れば、最高《さいこう》のもてなしです。

久《ひさ》しぶりで甲府駅《こうふえき》におり、一歩出ると大きな看板《かんばん》が目につきました。「甲州名物《こうしゅうめいぶつ》、アワビの煮《に》貝《がい》」と書いてあります。

甲州名物《こうしゅうめいぶつ》 アワビの煮貝《にがい》

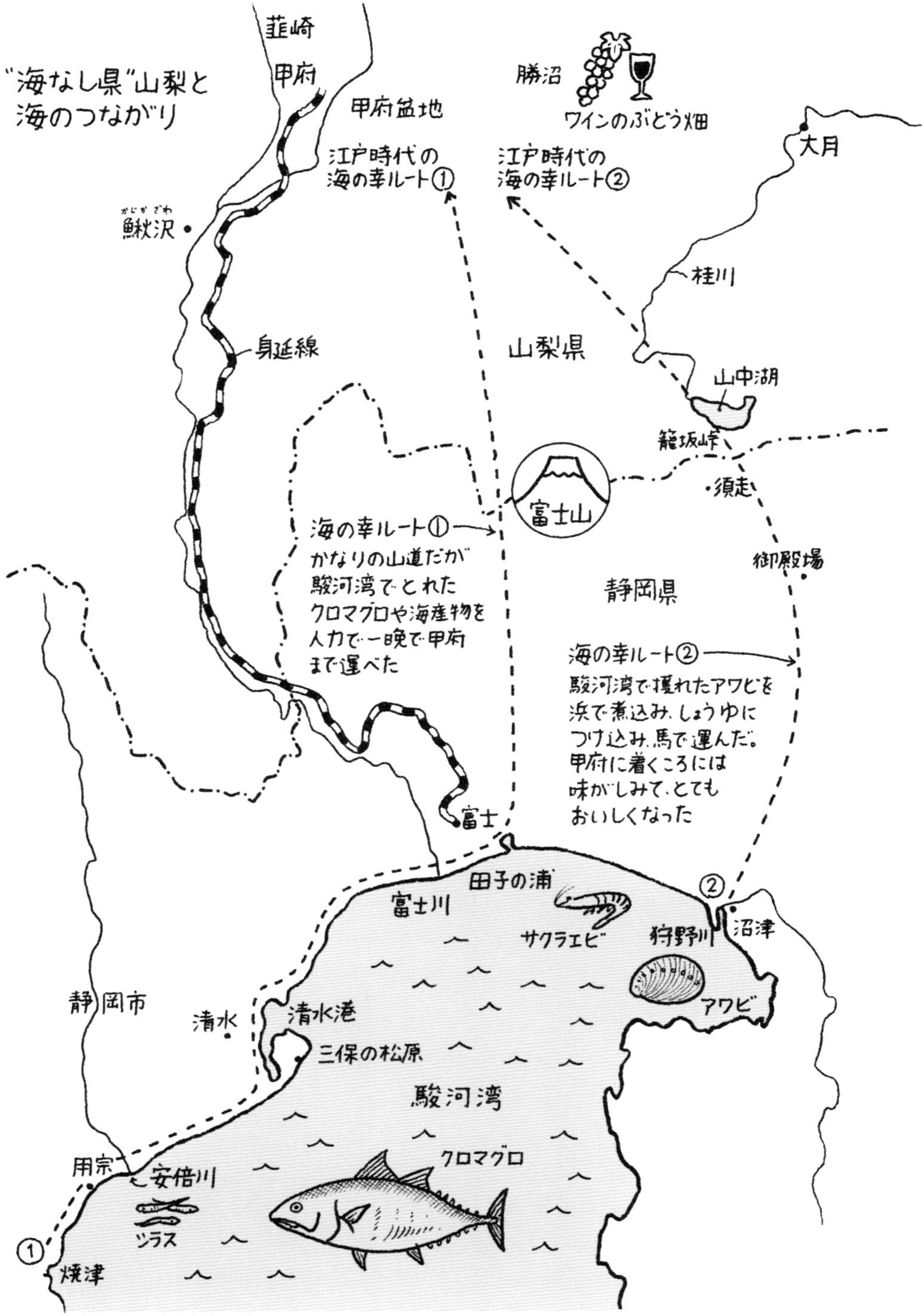
"海なし県"山梨と
海のつながり
韮崎
甲府
甲府盆地
勝沼
ワインのぶどう畑
大月
江戸時代の
海の幸ルート①
江戸時代の
海の幸ルート②
鰍沢《かじかざわ》
桂川
身延線
山梨県
山中湖
籠坂峠
須走
富士山
海の幸ルート①
かなりの山道だが
駿河湾でとれた
クロマグロや海産物を
人力で一晩で甲府
まで運べた
御殿場
静岡県
海の幸ルート②
駿河湾で獲れたアワビを
浜で煮込み、しょうゆに
つけ込み、馬で運んだ。
甲府に着くころには
味がしみて、とても
おいしくなった
富士
田子の浦
富士川
②
沼津
サクラエビ
狩野川
アワビ
静岡市
清水
清水港
三保の松原
駿河湾
クロマグロ
用宗
安倍川
シラス
①
焼津

「江戸時代《えどじだい》、駿河湾《するがわん》でとれたアワビを煮《に》て、しょうゆに漬《つ》け、木のたるに入れて馬の背《せ》に載《の》せ、富士山麓《ふじさんろく》を歩き峠《とうげ》を越《こ》えて甲州《こうしゅう》に運《はこ》んだ。馬の背《せ》にゆられたアワビはよくしょうゆがしみこんで、たるの香《かお》りとともに、えもいわれぬ美味《びみ》なアワビとなった。この、ぐうぜんともいえるできごとが、山国の甲斐国《かいのくに》に煮貝《にがい》を誕生《たんじょう》させたのです。」

甲府駅《こうふえき》のいちばんいいところに陣《じん》どっている売り場には、このような説明書《せつめいが》きがありました。海なし県山梨《けんやまなし》は、江戸時代《えどじだい》からアワビを通して海と密接《みっせつ》につながっており、だから魚貝類《ぎょかいるい》が売れることがわかりました。

でも、煮貝《にがい》の値段《ねだん》を見てびっくりしてしまいました。りっぱな木の箱《はこ》に一個《こ》が入っているのですが、一箱《はこ》五千円とか八千円です。駿河湾《するがわん》の環境《かんきょう》が悪《わる》くなり、原料《げんりょう》のアワビがあまりとれなくなって、価格《かかく》が上がっているのです。

けれど、アワビはおいしいだけでなく縁起《えんぎ》のいい貝なので、店先で見ていると、贈答品《ぞうとうひん》でしょうか、よく売れています。

わたしも東京の友人へのおみやげに、大ふんぱつして黒アワビ煮貝《にがい》を二箱《はこ》買いました。さらに、山梨《やまなし》といえばワインが有名《ゆうめい》です。ワイン売り場に行き、「アワビに合うワインはどれですか。」ときくと、「フジクレール甲州《こうしゅう》シュール・リー 東渓《とうけい》」を選《えら》んでくれました。

さあ、山梨《やまなし》と海のつながりを、この目でたしかめねばなりません。


甲府《こうふ》から身延線《みのぶせん》に乗《の》り、富士川沿《ふじかわぞ》いに駿河湾《するがわん》に向《む》かいました。

地図を見ると、富士川《ふじかわ》の河川水《かせんすい》は、富士山《ふじさん》の伏流水《ふくりゅうすい》であることがよくわかります。

江戸時代《えどじだい》は、甲府盆地《こうふぼんち》でとれた米は鰍沢《かじかざわ》から船に載《の》せ富士川《ふじかわ》を下り、清水港《しみずみなと》まで運ばれて、そこから江戸《えど》に送《おく》られたのだそうです。富士川《ふじかわ》は、甲州《こうしゅう》と駿河《するが》をつなぐ大動脈《だいどうみゃく》だったのですね。

清水《しみず》の鉄《てつ》さんから教えられたのですが、富士山《ふじさん》に年間たくわえられる水は約《やく》二十億《おく》トンだそうです。

二十億《おく》トンって、どれほどの量《りょう》でしょうか！

すそ野の広い富士山《ふじさん》のふもとには、青木ヶ原樹海《あおきがはらじゅかい》をはじめ大森林が広がり、富士山《ふじさん》の溶岩《ようがん》にふくまれる鉄分《てつぶん》が、森林から生まれるフルボ酸《さん》と結《むす》びついてフルボ酸鉄《さんてつ》となり、川や地下水に運《はこ》ばれて、駿河湾《するがわん》や相模湾《さがみわん》に注《そそ》ぎます。富士山《ふじさん》の養分《ようぶん》は海藻《かいそう》を育《そだ》て、それを食べてアワビが育《そだ》ち、煮《に》貝《がい》となるのですね。

身延線《みのぶせん》の終着駅《しゅうちゃくえき》、富士駅《ふじえき》に着《つ》きました。先々月に続《つづ》き、タクシーで富士川河口《ふじかわかこう》を訪《おとず》れました。これで富士山《ふじさん》を一周《しゅう》したことになるのですね。

清水港《しみずこう》が近いことがよくわかります。

思っていたより富士川《ふじかわ》の水量《すいりょう》が少ないです。

タクシーで少し上流側《じょうりゅうがわ》に行ってもらいました。多くの橋《はし》がかかっています。

国道一号線《ごうせん》、東海道新幹線《とうかいどうしんかんせん》、東海道本線《とうかいどうほんせん》、東名高速道路《とうめいこうそくどうろ》、新東名高速道路《しんとうめいこうそくどうろ》、そして、「富士川《ふじかわ》水管橋《すいかんきょう》」という、ふしぎな橋《はし》です。

富士川水管橋《ふじかわすいかんきょう》は、製紙《せいし》工場に水を送《おく》る専用《せんよう》の鉄管《てっかん》だそうです。大人が三人手をつないでやっと届《とど》くような鉄管《てっかん》二本を、橋《はし》のようにわたしています。あんな太いパイプ二本で送《おく》られる水量《すいりょう》は、とても想像《そうぞう》できません。製紙《せいし》工場はものすごい量《りょう》の地下水をくみあげているということです。

タクシーの運転手《うんてんしゅ》さんは九州《きゅうしゅう》の宮崎出身《みやざきしゅっしん》の方で、四十年前に富士市《ふじし》に来たといいます。汽車をおりると、「すごいにおいで閉口《へいこう》しました。」と語ってくれました。田子《たご》の浦《うら》のヘドロのせいでした。

「当時、製紙《せいし》工場からたれ流《なが》される排水《はいすい》はひどいもので、海に足を入れた鳥がとびあがれないぐらい、ネバネバしていました。」

わたしも、北上川河口《きたかみがわかこう》の石巻市《いしのまきし》にある製紙《せいし》工場から流《なが》される濁《にご》った排水《はいすい》を見ていますので想像《そうぞう》がつきました。

富士山《ふじさん》に年間たくわえられる二十億《おく》トンの水のうち、製紙《せいし》工場で使《つか》われる水量《すいりょう》はどれほどになるのでしょう。今は、川や海の水を汚染《おせん》から守《まも》るため、工場排水《はいすい》の基準《きじゅん》が高まり、濾過《ろか》はしているのですが、それでも汚《よご》れはとりきれません。そんな莫大《ばくだい》な量《りょう》の汚《よご》された水が、駿河湾《するがわん》に注《そそ》いでいます。アワビがとれなくなるのは当然《とうぜん》だと思いました。

旅《たび》の終《お》わりに田子《たご》の浦《うら》を見おろす公園の高台に登《のぼ》ってみました。

田子《たご》の浦《うら》ゆ　うち出《い》でてみれば真白《ましろ》にぞ
富士《ふじ》の高嶺《たかね》に雪は降《ふ》りける
山部赤人《やまべのあかひと》（万葉集《まんようしゅう》）

世界遺産《せかいいさん》に登録《とうろく》された富士山《ふじさん》の名所中《めいしょちゅう》の名所《めいしょ》です。めったに見ることがないという六月の雪をいただいた富士山《ふじさん》が目の前にありました。わたしを待《ま》っていたかのように、ゆうべ雪がふってくれたのです。

ところがその前に、煙《けむり》を吹《ふ》き出《だ》すえんとつがそびえているのです。この風景《ふうけい》は世界遺産《せかいいさん》といえるのでしょうか。

裁判長《さいばんちょう》が目を向《む》けなくてはならないのは、このような風景《ふうけい》ではないかと思ってしまいました。

もし、裁判長《さいばんちょう》が〝あの人〟だったら

わたしは、ある人のことを思いうかべていました。江戸時代《えどじだい》の町奉行《まちぶぎょう》、大岡越前守《おおおかえちぜんのかみ》のことです。名裁判官《めいさいばんかん》として有名《ゆうめい》です。

あの人だったら、こんどの山梨県《やまなしけん》の騒動《そうどう》をどう裁《さば》いたでしょうか。

問題《もんだい》の本質《ほんしつ》は、自分たちの暮《く》らしている山梨《やまなし》という地がどういうところなのか、よく知《し》ることだと思うのです。

煮貝《にがい》の歴史《れきし》ひとつとっても、かなりの勉強《べんきょう》が必要《ひつよう》です。

大岡越前守《おおおかえちぜんのかみ》ならこう言ったはずです。

「富士山《ふじさん》の世界遺産登録《せかいいさんとうろく》は、山梨県《やまなしけん》の将来《しょうらい》にとっても、たいせつなことです。俯瞰《ふかん》した目で富士山《ふじさん》を見てください。そして、視察《しさつ》の費用《ひよう》はもう一度《いちど》出すようにたのんでみますから、モン・サン＝ミッシェルにまた行ってください。そして、フリュイ・ド・メールと白ワインをじゅうぶん堪能《たんのう》してきてください。


県会議員《けんかいぎいん》のみなさんは、モン・サン＝ミッシェルで、はっと気づくでしょう。山梨《やまなし》のワインを売るには、海《うみ》の幸《さち》とセットにしたほうがいいとわかるはずです。

さらに、駿河湾《するがわん》や相模湾《さがみわん》の海を豊《ゆた》かにするには、富士山《ふじさん》をとりかこむ森林や川の環境《かんきょう》を整《ととの》えることだと思考が向上《こうじょう》するはずです。それを行政《ぎょうせい》に反映《はんえい》させてください。生きた視察《しさつ》とは、そういうものです。」

大岡越前
(大岡忠相《ただすけ》)
1677～1752

と。

パチパチ。カッコイイ……。

東京の友人と白ワインを飲《の》みながら、煮貝《にがい》を味《あじ》わってみました。

この世《よ》の中《なか》に、こんなにおいしいものがあるのかと思われるほどの味《あじ》わいです。

わたしは若《わか》いころから、韮崎《にらさき》からながめる富士山《ふじさん》が好《す》きです。

あの風景《ふうけい》の中で駿河湾《するがわん》とマリンスノーを思いうかべながら煮《に》貝《がい》とワインを味《あじ》わったらどんなに幸《しあわ》せなことかと思ってしまいました。

山梨《やまなし》は魅力的《みりょくてき》な県《けん》ですね。

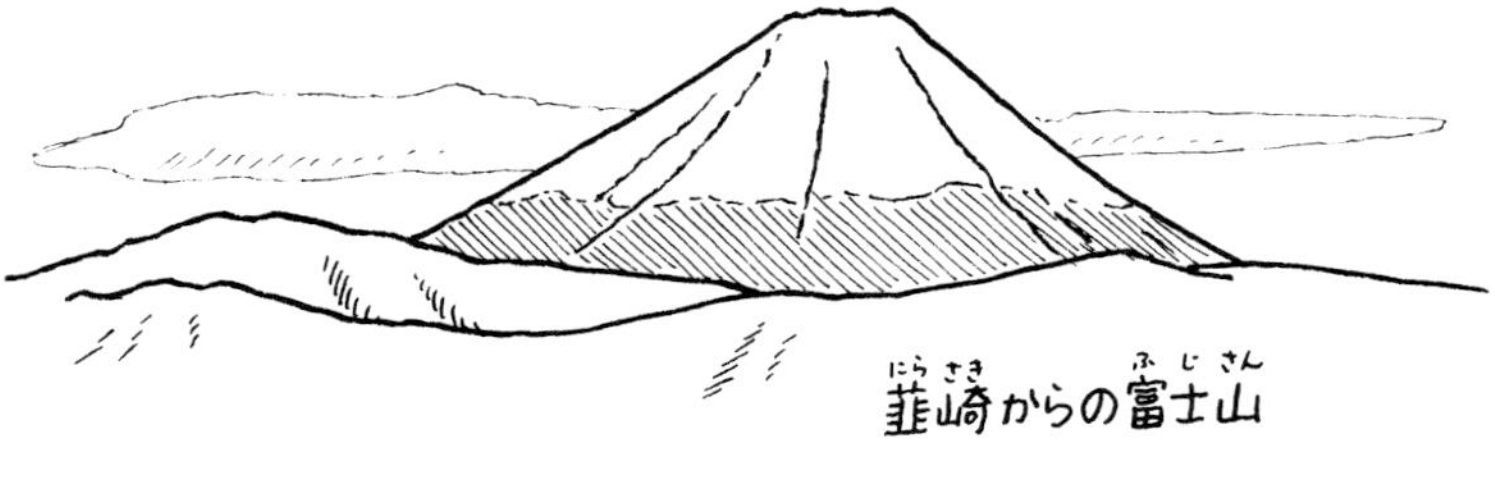
韮崎《にらさき》からの富士山《ふじさん》

第《だい》2章《しょう》　プランクトン少女

プランクトンはキュウリの味《あじ》？

平成元年《へいせいがんねん》（一九八九）、気仙沼湾《けせんぬまわん》に注《そそ》ぐ大川上流《おおかわじょうりゅう》の室根山《むろねさん》で、わたしたちカキ漁師《りょうし》による落葉広《らくようこう》葉樹《ようじゅ》の植林活動《しょくりんかつどう》、「森は海の恋人運動《こいびとうんどう》」が始《はじ》まりました。

漁師《りょうし》の活動《かつどう》には大漁旗《たいりょうき》がつきものです。はるかに海を見おろす室根山《むろねさん》八合目の見晴らし広場に、時ならぬ大漁旗《たいりょうき》がひるがえったのです。

〝森は海の恋人《こいびと》〟というスローガンと〝山にひるがえった大漁旗《たいりょうき》〟という見出しがテレビや新聞で全国《ぜんこく》に伝《つた》えられると、思ってもみない反響《はんきょう》がありました。

京都《きょうと》の有名《ゆうめい》なお寺のお坊《ぼう》さんは、「よくぞ、『森は海の恋人《こいびと》』と言ってくれました。この言葉《ことば》は、日本の将来《しょうらい》にとってたいせつなことを示唆《しさ》しています。どうぞ運動《うんどう》を続《つづ》けてください。」

と、はげましてくださったのです。

昭和《しょうわ》三十年代《ねんだい》から四十年代《ねんだい》にかけて、高度経済成長《こうどけいざいせいちょう》といわれた時代《じだい》がありました。電化製品《でんかせいひん》、車、新幹線《しんかんせん》、高速道路《こうそくどうろ》、と便利《べんり》なものはたしかに手に入りましたが、近くを流《なが》れている川に目をやると、ゴミだらけで、洗剤《せんざい》であぶくの立った汚《きたな》い川が目立ちました。とくに河口《かこう》に行ってみますと、プラスチック類《るい》をはじめとして、ものすごいゴミの山です。

海は、汚《きたな》い水とゴミの山で押《お》しつぶされそうでした。

植林活動《しょくりんかつどう》は始《はじ》めましたが、植《う》えた木が大きくなり、きれいな水をたくわえるまでには長い時間が必要《ひつよう》です。それまでにとり返《かえ》しのつかないような環境悪化《かんきょうあっか》が起《お》こってしまうのではないか、そんな危機感《ききかん》がつのりました。

まず、子どもたちに自然《しぜん》のたいせつさを教えなければ、と思いました。

漁師《りょうし》は気の短《みじか》い人が多いのです。そう思ったらすぐ行動《こうどう》にうつすのです。たちまち相談《そうだん》がまとまりました。

翌年《よくねん》五月、舞根湾《もうねわん》には岩手県室根村《いわてけんむろねむら》（現《げん》・一関市室根町《いちのせきしむろねちょう》）の小学校五年生が訪《おとず》れていました。その日は、わたしと漁師仲間《りょうしなかま》が子どもたちの先生です。

天気がよく、海は凪《な》いでいました。「子どもたちに海から室根山《むろねさん》を見せよう。」と仲間《なかま》に相談《そうだん》すると、「それはいい。」と、みんな賛成《さんせい》です。海から、自分たちが植林《しょくりん》している山を見てもらうことの意味《いみ》を、漁師仲間《りょうしなかま》はすぐ理解《りかい》し、共有《きょうゆう》したのです。

何艘《そう》かの船に分乗《ぶんじょう》した子どもたちは、沖《おき》に向《む》かって乗《の》り出《だ》しました。

唐桑半島《からくわはんとう》と大島《おおしま》のあいだを船は進《すす》みます。

「このまま行けば、太平洋《たいへいよう》。その先はアメリカのカリフォルニアだよ。行く!?」と言うと、子どもたちの顔は不安《ふあん》げです。

沖《おき》に出るにしたがって、うねりも出てきます。子どもたちにとって、大海を感《かん》じる初《はじ》めての経《けい》験《けん》です。

陸《りく》がだんだん遠ざかります。後ろをふり返《かえ》って見ていると、低《ひく》い山なみの上にとつぜん、室根《むろね》山《さん》がとび出します。

「あっ、室根山《むろねさん》だ！」

大歓声《だいかんせい》です。山頂《さんちょう》が平《たい》らで台形をした特異《とくい》なかたちの山は、だれでも知っているのです。

「あの山にふった雨が地下にしみこんで、大川《おおかわ》となって、気仙沼湾《けせんぬまわん》に注《そそ》ぎます。そしてここまで届《とど》いているのですよ。森の養分《ようぶん》は、海の植物《しょくぶつ》プランクトンを育《そだ》ててるんだよ。」

と言って、プランクトンネットを投《な》げ入《い》れます。

引きあげると、プランクトンだまりに、モヤモヤした液体《えきたい》がたまっています。

それを透明《とうめい》なコップにうつし、陽《ひ》にかざして見せると、

「なにかチクチク動《うご》いている！」

と、大騒《おおさわ》ぎです。

「動《うご》いているのは動物《どうぶつ》プランクトン、モヤモヤしたのは

植物《しょくぶつ》プランクトン。顕微鏡《けんびきょう》でないと見えないぐらい小さいんだよ。」

と説明《せつめい》します。

「なんにもいないようだけど、海の中ってすごい生《い》き物《もの》がいるんだね！」とおどろいた子どもたちの顔、顔、顔です。

「カキは呼吸《こきゅう》のために一日でドラム缶《かん》一本分（約《やく》二百リットル）の水を吸《す》います。水といっしょにプランクトンも吸《す》いこみ、エラでこして食べてます。」

と話していて、ここでグッドアイディアが浮《う》かびました。

プランクトンを一口ずつ飲《の》んでもらうという体験《たいけん》です。

「カキはどんな味《あじ》を味《あじ》わっているか、ためしてみないか？」

そう言ってみたら、子どもたちはみんな顔を見合わせています。チクチク動《うご》いている動物《どうぶつ》プランクトンもいますから、先生も不安《ふあん》そうです。

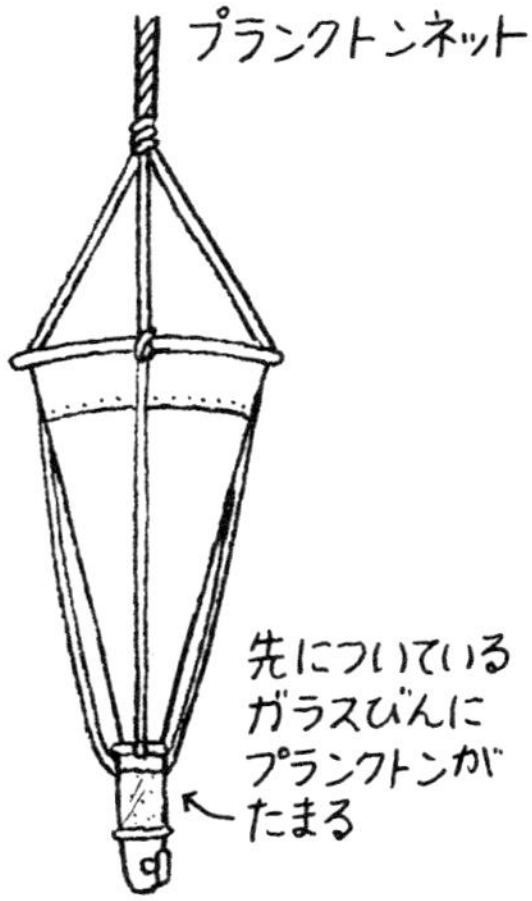
プランクトンネット
先についているガラスびんにプランクトンがたまる

でもこれは、かならず心に残《のこ》るいい体験《たいけん》になる、と思いました。そこで、

「これを飲《の》まないと、帰らないから！」

と、少しおどかしました。

元気な男の子が勇気《ゆうき》をふるって、

「おれ、やってみる！」

と、挑戦《ちょうせん》してくれました。飲《の》むといっても、ほんの一口、なめるといった感《かん》じです。

「しょっぺえー！　でもキュウリの味《あじ》がする。」

植物《しょくぶつ》プランクトンがほとんどなので、青くさいのです。室根村《むろねむら》の小学生は農家《のうか》の子がほとんどです。この男の子は、畑《はたけ》でキュウリをもいで皮《かわ》ごとかじった感《かん》じを素直《すなお》に口にしたのです。

そのひとことで、みんなの顔が明るくなりました。「おれも。」「わたしも。」と、プランクトンのまわし飲《の》みが始《はじ》まったのです。校長先生には、多めにゴックンと飲《の》んでもらいました。

全員《ぜんいん》が飲《の》み終《お》わると、こう語りかけました。

「じつは、川の水にとけているいろいろな成分《せいぶん》を、最初《さいしょ》にとりこむのは植物《しょくぶつ》プランクトンです。もし、みんなが、昨日《きのう》汚《きたな》いものを流《なが》したとすると、今、それをまとめて飲《の》んだことになります。

心あたりはありませんか？」

みんな顔を見合わせています。この体験《たいけん》の意味《いみ》を悟《さと》ったのです。

室根山《むろねさん》を見ながら舞根湾《もうねわん》に帰り、養殖《ようしょく》イカダに船を横《よこ》づけしました。カキ、ホタテ、ホヤなどをイカダから引きあげ、「食べたい人！」と言うと、大歓声《だいかんせい》です。

仲間《なかま》がナイフを使《つか》って、次々殻《つぎつぎから》から身《み》をとり出します。「好《す》きなだけ食べていいから。」と言うと、また大歓声《だいかんせい》です。「あのプランクトンが、こんなにおいしいものに変《か》わるんだ。」「どうしてしょっぱくないんだろう。」次々《つぎつぎ》に疑問《ぎもん》がわいてくるようです。

食物連鎖《しょくもつれんさ》などのむずかしい話も、子どもたちは真剣《しんけん》そのものできいているのです。先生は、「ああ、教室でもこうだといいんだけど。」と、ためいきをもらしていました。

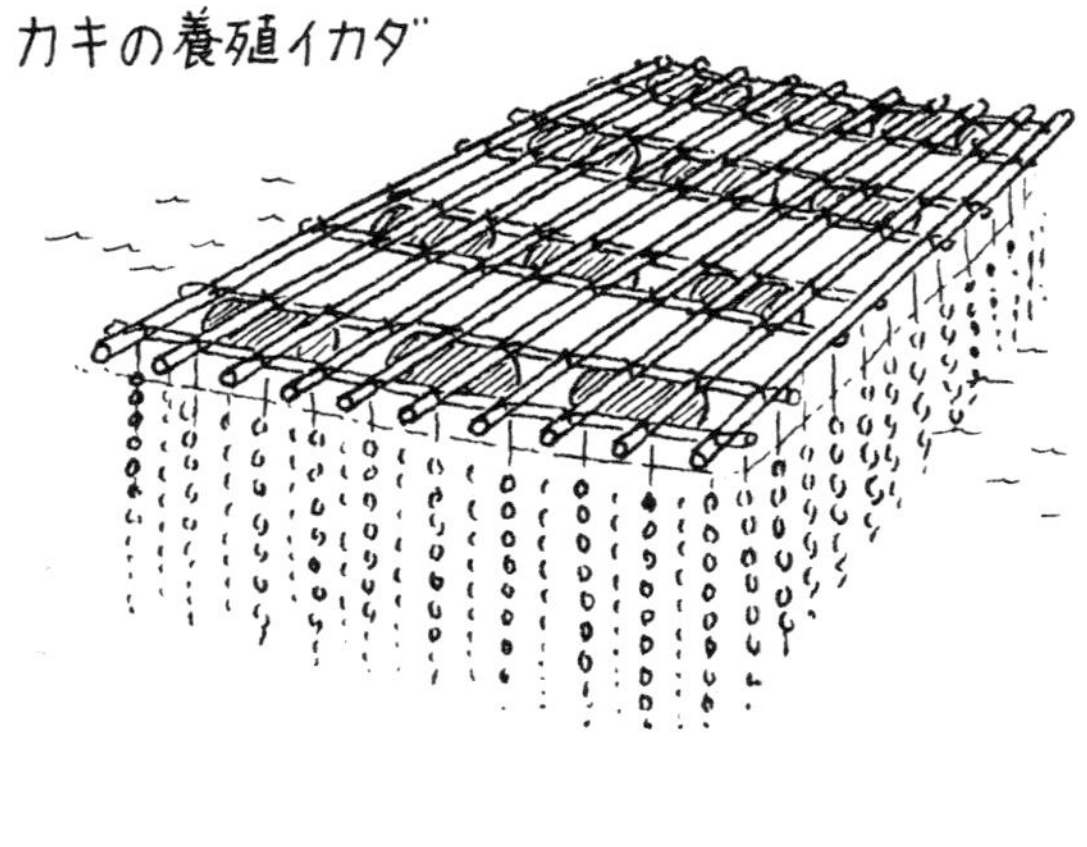

ムロネとモウネ

気仙沼湾《けせんぬまわん》に暮《く》らす漁民《ぎょみん》にとって、室根山《むろねさん》は特別《とくべつ》な山です。かんたんな磁石以外《じしゃくいがい》に計器《けいき》らしいものは何ひとつなかった和船《わせん》の時代《じだい》、沖《おき》へ出て方向《ほうこう》や位置《いち》、距離《きょり》を測《はか》るとき、漁民《ぎょみん》は海から見える山の姿《すがた》で判断《はんだん》しました。

また、天気予報《よほう》も、山にかかった雲のかたちや雪のとび方などから情報《じょうほう》を読みとり、判断《はんだん》していたのです。

室根山《むろねさん》は、気仙沼湾《けせんぬまわん》に注《そそ》ぐ大川《おおかわ》の源流《げんりゅう》であり、地質《ちしつ》に鉄分《てつぶん》が多いことから、カキのえさである植物《しょくぶつ》プランクトンの成長《せいちょう》に必要《ひつよう》なフルボ酸鉄《さんてつ》の、大きな供給源《きょうきゅうげん》でもあります。

漁民《ぎょみん》にとって、本当にたよりになる、お母さんのような存在《そんざい》なのです。

リアス式海岸《しきかいがん》という名前が生まれた地、スペインのガリシア地方の漁師《りょうし》たちは、「エル・ボスケ・エス・ラ・ママ・デル・マール（森は海のお母さん）」とよんでいますが、そのとおりなのです。

お母さんが弱かったら、たいへんですよね。三十年前の気仙沼湾《けせんぬまわん》は、そのような状態《じょうたい》でした。海の元気がなくなり、カキ、ホタテ、ノリ、ワカメ、コンブなどの成長《せいちょう》が悪《わる》くなり、死《し》んだりするようになっていたのです。

行政《ぎょうせい》の組織《そしき》は、たて割《わ》りといって、県《けん》の境《さかい》で区切《くぎ》られています。わたしは宮城県《みやぎけん》の漁民《ぎょみん》なのですが、「お母さんを元気にするため岩手県《いわてけん》の山に木を植《う》えさせてください。」と、室根村《むろねむら》の加藤《かとう》村長にお願《ねが》いにいきました。

じつは、室根村《むろねむら》とわたしたちが住《す》んでいる舞根地区《もうねちく》は千三百年にわたるおつきあいがあったのです。

室根山《むろねさん》の八合目に鎮座《ちんざ》している室根神社《むろねじんじゃ》のお祭《まつ》りのとき、室根山《むろねさん》が見えるところまで船を沖出《おきだ》しして、そこで海水をくんで、その塩《しお》でお清《きよ》めをし、おみこしが下るのです。「お塩役《しおやく》」という神役《じんやく》が舞根《もうね》の漁民《ぎょみん》に託《たく》されており、この海水が届《とど》かないとお祭《まつ》りはスタートできないのです。むかしの人はこうして、森と海を結《むす》びつけていたのかもしれませんね。

わたしたちは「舞根《もうね》さん」とよばれ、お祭《まつ》りのときは上座《かみざ》に座《すわ》らされるのです。

「舞根《もうね》さんの願《ねが》いであれば、なんでも引《ひ》き受《う》けますよ。」

加藤《かとう》村長は、ニコニコして相談《そうだん》に乗《の》ってくれました。

そして、室根《むろね》神社《じんじゃ》に近い、気仙沼湾《けせんぬまわん》が一望《いちぼう》できる「見晴らし広場」という場所《ばしょ》を、植林地《しょくりんち》に提《てい》供《きょう》してくれたのです。

第《だい》一回「森は海の恋人植樹祭《こいびとしょくじゅさい》」が室根山《むろねさん》八合目の見晴らし広場で行われました。この年から、山に大漁旗《たいりょうき》がひるがえったのです。

「舞根さん」の「お塩役」

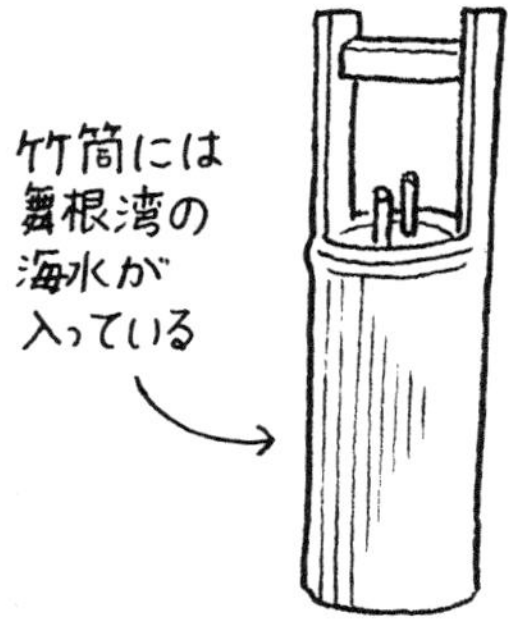

海水は一晩 瀬織津姫《せおりつひめ》神社に

川の女神 瀬織津姫は 海の水を山に届ける
役目をする

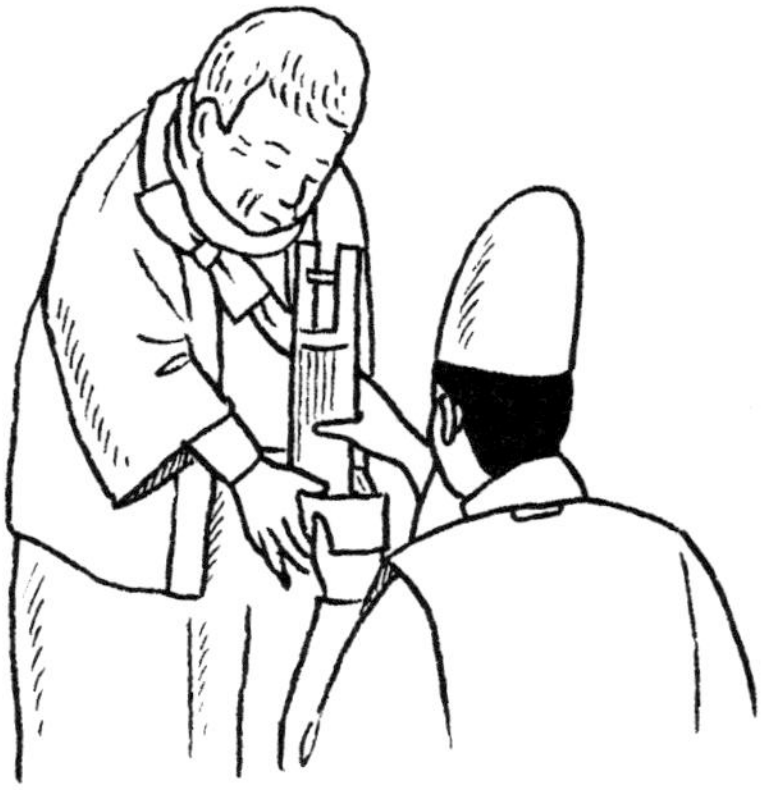

翌朝、室根神社に届けられた海水で
ご神体を清め、祭りが始まる

植《う》える木は、クマノミズキにしました。室根《むろね》神社《じんじゃ》は、和歌山《わかやま》の熊野本宮《くまのほんぐう》から分霊《ぶんれい》した神社《じんじゃ》です。だからそれにあやかったのです。

ところがこの木は湿地《しっち》を好《この》む木で、高い山には向《む》いていませんでした。成長《せいちょう》が悪《わる》く、枯《か》れてきたのです。

岩手県水沢市《いわてけんみずさわし》（現《げん》・奥州市水沢区《おうしゅうしみずさわく》）の菊地恵輔《きくちけいすけ》さんから連絡《れんらく》があったのは、翌年《よくねん》の早春でした。

「室根山《むろねさん》は、ブナがよく育《そだ》ちますよ。」

と教えてくれたのです。そして、

「いい苗《なえ》がありますから寄付《きふ》しましょう。」

と、手塩《てしお》にかけて育《そだ》てた五年生の苗木《なえぎ》百本を持《も》ってきてくれたのです。

菊地《きくち》さんは、ブナをこよなく愛《あい》していて、将来《しょうらい》も伐《き》られる心配《しんぱい》のない地に植《う》えたいと願《ねが》っていたそうです。

菊地《きくち》さんの言ったとおり、ブナは年々、すくすく育《そだ》ちました。

寒さに弱く、東北や北海道では
育ちにくい

植《う》えたい一心で土地に合った木を選《えら》ばなかったことを反省《はんせい》し、それからはこの失敗《しっぱい》を教訓《きょうくん》にしています。

森のお母さん

見晴らし広場に立ちますと、森と海の関係《かんけい》が一目でわかります。山のすそを大川《おおかわ》が流《なが》れ、気仙《けせん》沼湾《ぬまわん》に注《そそ》いでいるのが見えるのです。

体験学習《たいけんがくしゅう》の子どもたちや大学生も、よく案内《あんない》します。そして、ブナの話をします。

「ブナは漢字《かんじ》で『橅』と書きます。用が無《な》い木、つまり役立《やくた》たず、という意味《いみ》だそうです。」と言いますとブーイングです。だって白神山地《しらかみさんち》のブナは世界遺産《せかいいさん》ですから、今の子どもはブナ礼讃《らいさん》者《しゃ》なのです。

そこで、ブナは用材《ようざい》に不向《ふむ》きな話をします。

製材《せいざい》して建築材《けんちくざい》に使《つか》いますと、柱《はしら》は曲《ま》がり、板《いた》はあばれてしまって廊下《ろうか》などに張《は》るとでこぼこで歩けません。

また、薪《たきぎ》にしようとすると割《わ》れにくく、火のつきも悪《わる》いのです。

だから、山の民《たみ》が「橅」という字にしたのもわかりますね。

「漁師《りょうし》も、ブナのイメージは悪《わる》いのです。」

と、ブナの木《き》肌《はだ》を見せながら説明《せつめい》します。

秋になると北日本では、海からサケが上がってきますね。サケは沖《おき》にいるときは銀色《ぎんいろ》をしていますから、漁師《りょうし》はこれを〝ギンケ〟とよびます。

ところが川に入ると、サケの肌《はだ》は独特《どくとく》の模様《もよう》になります。ブナの木《き》肌《はだ》にそっくりなので、〝ブナッケ〟とよばれます。川に上がったサケは、えさをまったく食べなくなるので、脂《あぶら》が抜《ぬ》けて味《あじ》が落《お》ちるのです。メスは卵《たまご》があるのでたいせつにさ

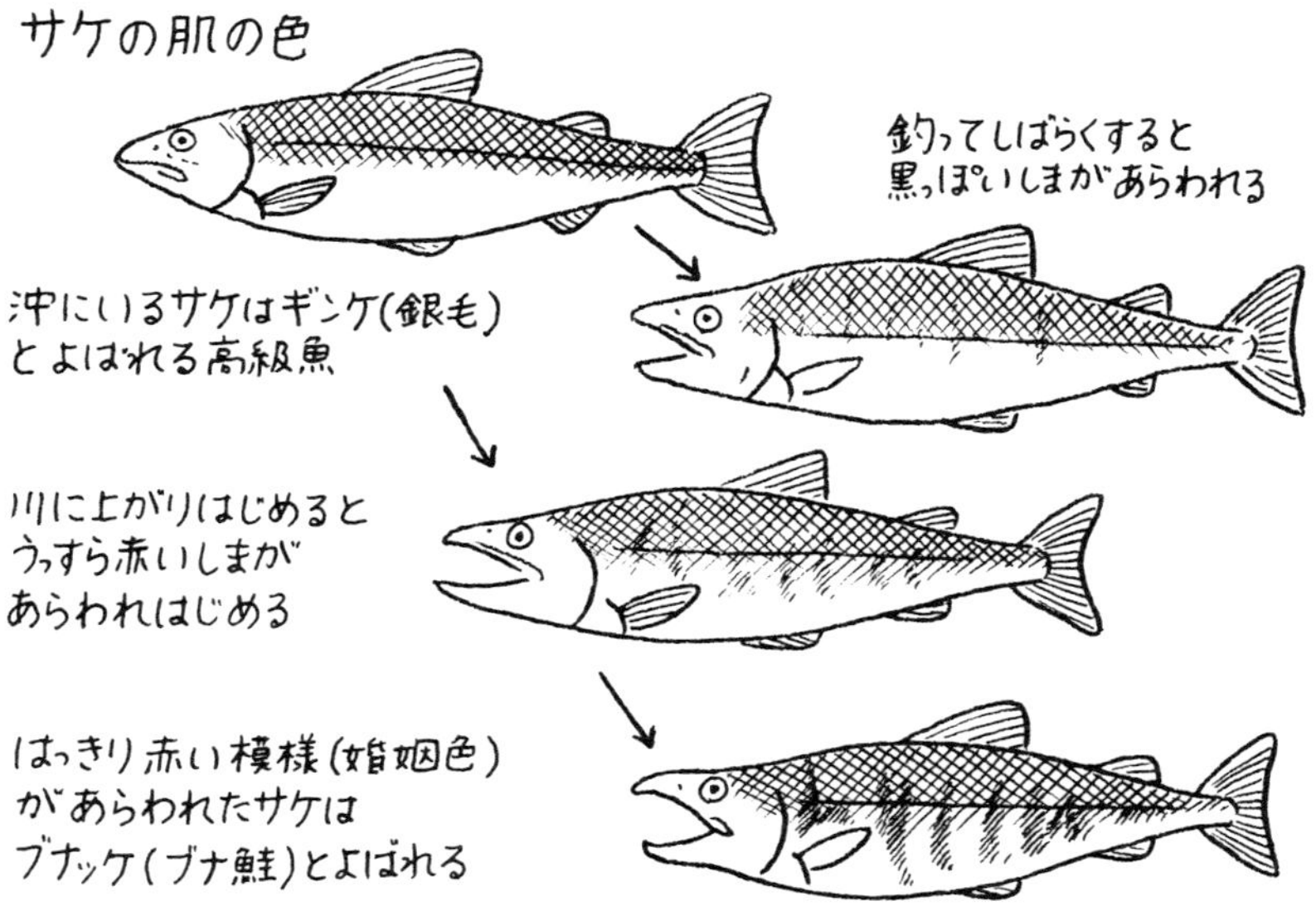
サケの肌の色
釣ってしばらくすると
黒っぽいしまがあらわれる
沖にいるサケはギンケ(銀毛)
とよばれる高級魚
川に上がりはじめると
うっすら赤いしまが
あらわれはじめる
はっきり赤い模様(婚姻色)
があらわれたサケは
ブナッケ(ブナ鮭)とよばれる

れますが、オスはギンケに比《くら》べてとても安《やす》く売られるのです。ここでも「橅」のイメージがつきまといますね。

でも西洋《せいよう》ではガラリと変《か》わります。

英語《えいご》ではブナのことを「ビーチツリー」といいます。ビーチ（Ｂｅｅｃｈ）は、ブック（Ｂｏｏｋ）と同じ語源《ごげん》ともいわれています。むかし、紙のない時代《じだい》、ブナの皮《かわ》をはいで字を書いたといわれています。

また、別名《べつめい》「マザー・オブ・ザ・ウッズ」ともいわれています。森のお母さんという意味《いみ》です。

ブナの木は、何年かに一度《ど》、大量《たいりょう》の実《み》

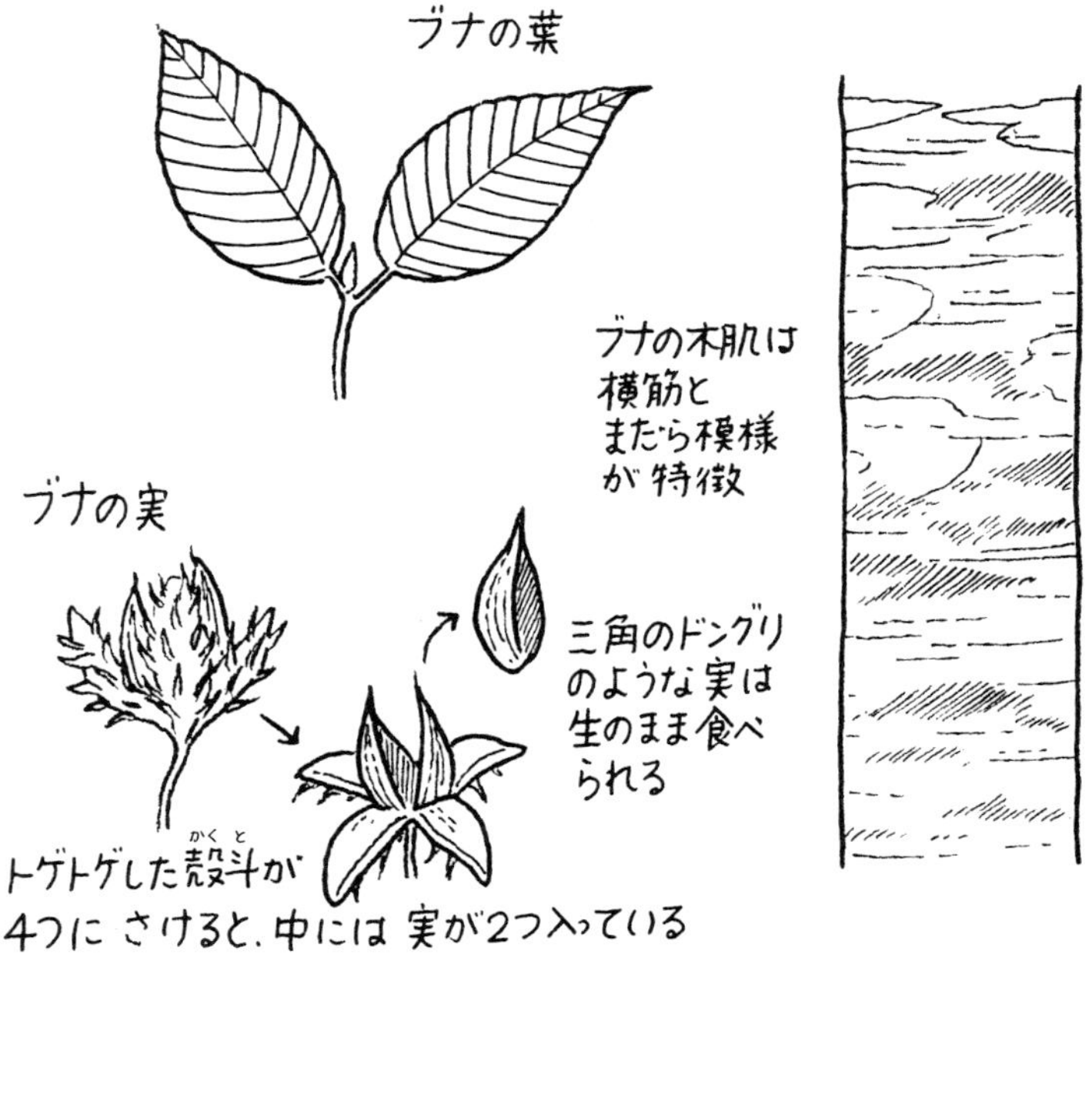

ブナの葉
ブナの木肌は
横筋と
まだら模様
が特徴
ブナの実
三角のドングリ
のような実は
生のまま食べ
られる
トゲトゲした殻斗《かくと》が
4つにさけると、中には実が2つ入っているをつけます。小さな実《み》ですが、クルミのように油《あぶら》があって、フライパンでいって食べると、とてもおいしいですよ。

ブナの実《み》がなる年は、森にたくさんのレストランができたのと同じです。栄養《えいよう》があっておいしいブナの実《み》がなる年は、森の動物《どうぶつ》がふえるのです。

実《み》だけではありません。葉《は》もすごいですよ。

木にくわしい人にきいたのですが、樹齢《じゅれい》百年のブナの木《こ》の葉《は》は三十万枚《まい》だそうです。

それが秋になるとぜんぶ落《お》ちます。そして、虫たちのごちそうになるのです。そして、くされば腐葉土《ふようど》になり、フルボ酸《さん》が生まれ、鉄《てつ》と結《むす》びつくとフルボ酸鉄《さんてつ》になり、海の生物《せいぶつ》を育《はぐ》みます。すごい量《りょう》の落《お》ち葉《ば》ですから、地面《じめん》はスポンジのようにフカフカになり、たくさんの水をたくわえます。むかしから「ブナ一石《こく》水一斗《と》」といわれます（「石《こく》」は「斗《と》」の十倍《ばい》）。富山《とやま》では「ブナ一石《こく》ブリ千匹《びき》」ともいわれています。

ブナは森のお母さん、そして、スペインの漁師《りょうし》が言うとおり、森は海のお母さんなのです。「橅」とかブナッケなどと言っているのは日本だけではないかな。

プランクトン少女、博士《はかせ》に

平成《へいせい》十一年（一九九九）早春、仙台《せんだい》の佐藤芽衣《さとうめい》ちゃんという女の子から手紙をもらいました。高校二年生だそうです。

大学受験《じゅけん》が迫《せま》ってきて、進路《しんろ》を決《き》めかねていました。担任《たんにん》の先生が課外教育《かがいきょういく》に熱心《ねっしん》な方で、報《ほう》道《どう》で「森は海の恋人《こいびと》」の体験学習《たいけんがくしゅう》を知り、すすめてくれたというのです。お父さんは東北大学《とうほくだいがく》の地震学《じしんがく》の研究者《けんきゅうしゃ》で、そちらの方向《ほうこう》も検討《けんとう》しているといいます。

わたしは、小学生への体験学習《たいけんがくしゅう》は少しずつなれてきていましたが、大学受験《じゅけん》をひかえた高校生は初《はじ》めてです。

体験学習《たいけんがくしゅう》の活動《かつどう》は、ボランティアです。仕事《しごと》を休んでの対応《たいおう》ですので、学校単位《たんい》の受《う》け入《い》れだけと決《き》めていました。

芽衣《めい》ちゃんは、ひとりで来るというのです。どうしたものかと家内に相談《そうだん》すると、塩釜女子高《しおがまじょしこう》校《こう》（現・塩釜高校《しおがまこうこう》）生物部出身《せいぶつぶしゅっしん》のせいか、

「おもしろそうじゃない、受《う》け入《い》れてあげなさいよ。地震学《じしんがく》より生物《せいぶつ》のほうがおもしろいに決《き》まってますよ。」

と言います。　そのひとことで、受け入れることにしました。

春休み、芽衣《めい》ちゃんはひとりでやってきました。海水浴以外《かいすいよくいがい》、海にはほとんど来たことがないそうです。海の生《い》き物《もの》にもほとんどさわったことがないというのです。ましてや、プランクトンの知識《ちしき》はまったくありません。小学生と同じ体験《たいけん》をさせるしかないな、と、船で海に出ました。

養殖《ようしょく》イカダに行き、カキ、ホタテ、ホヤを見せると、「初《はじ》めて見るものばかりです。」と、目をかがやかせていました。

小学生と同じように、ナイフでむいて食べさせると、「ホヤがいちばんおいしい。」と言うのです。ホヤの味《あじ》がわかればたいしたものです。「大学は水産学部《すいさんがくぶ》に行くべきです。」と、けしかけました。

プランクトンを飲《の》む体験《たいけん》もさせました。プランクトンネットをわたして、自分で採取《さいしゅ》する体験《たいけん》もさせました。

好奇心《こうきしん》があり、なんでもおもしろがる性格《せいかく》は、お父さんには悪《わる》いのですが、生物《せいぶつ》の研究者《けんきゅうしゃ》向《む》きだと思いました。お母さんは耳鼻科《じびか》のお医者《いしゃ》さんだというのです。お母さんの血《ち》を引いているな、と思いました。

顕微鏡《けんびきょう》でプランクトンを見る腕《うで》は、じつはわたしより家内のほうがずっと上です。プランクトンの観察《かんさつ》は家内にまかせました。スライドガラス（うすいガラスの板《いた》）にスポイトで一滴《てき》一滴《てき》海水をたらしてプレパラートをつくり、顕微鏡《けんびきょう》で見やすいようにするのです。家内はいっしょうけんめい教えていました。

芽衣《めい》ちゃんは、嬉々《きき》として帰ってゆきました。

家内にきくと、「あの子、才能《さいのう》ありそうよ。」と

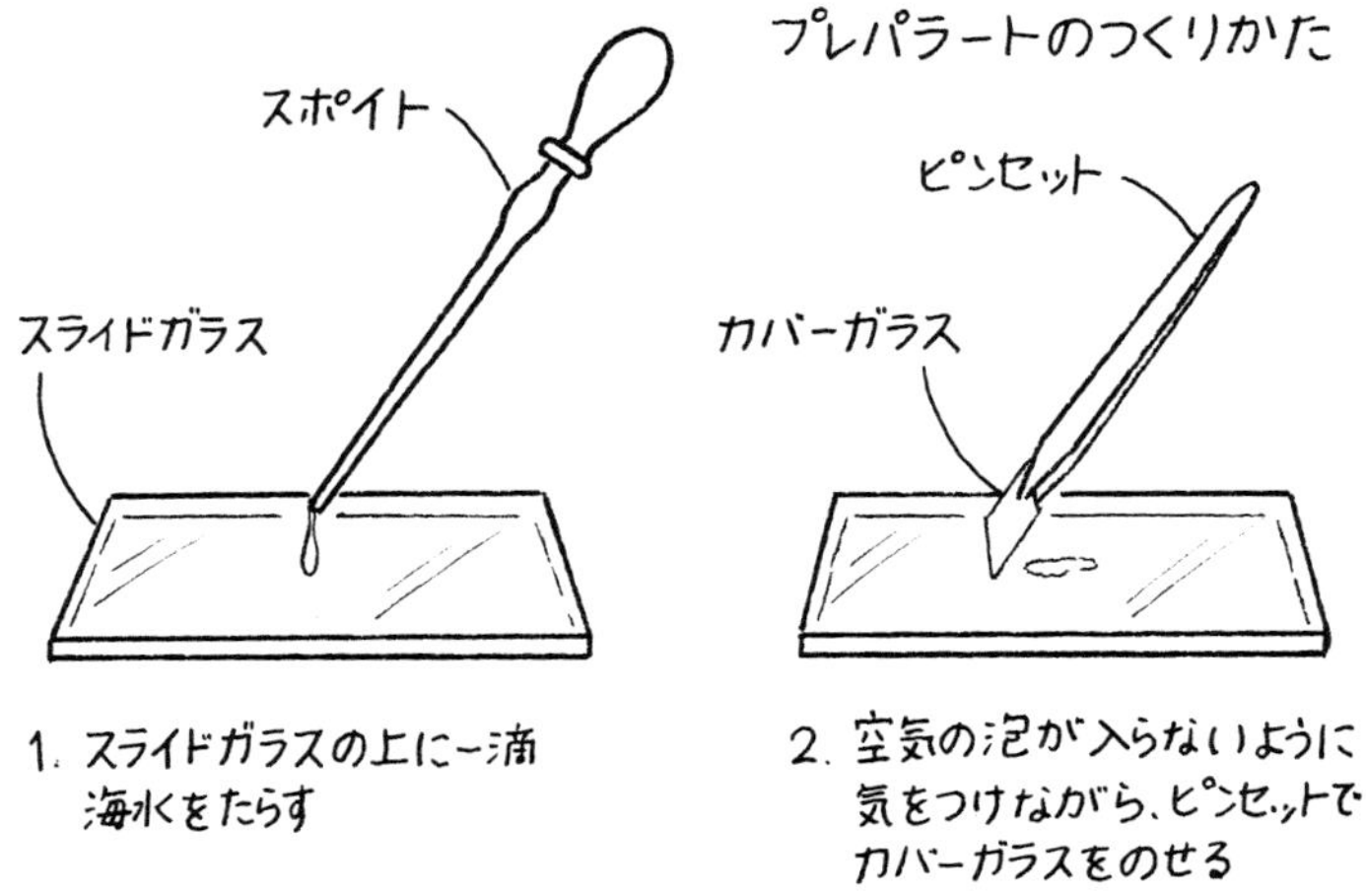
プレパラートのつくりかた
スポイト
スライドガラス
ピンセット
カバーガラス
1. スライドガラスの上に一滴海水をたらす
2. 空気の泡が入らないように気をつけながら、ピンセットでカバーガラスをのせる

言うのです。

翌年《よくねん》の春、芽衣《めい》ちゃんから連絡《れんらく》がありました。東京水産大学《とうきょうすいさんだいがく》（現・東京海洋大学《とうきょうかいようだいがく》）に合格《ごうかく》し、プランクトンの研究《けんきゅう》をするというのです。

「わたしが教えたことも役立《やくだ》ったのかしら。」と、家内はことのほか、うれしそうでした。

ときどき、芽衣《めい》ちゃんから手紙をもらいました。

東京水産大学《とうきょうすいさんだいがく》は、カナダのビクトリア大学と交換留学制度《こうかんりゅうがくせいど》があり、芽衣《めい》ちゃんは、大学二年のとき、カナダで一年過《す》ごしました。海洋生物《かいようせいぶつ》の授業《じゅぎょう》で、ヤドカリが選《えら》ぶ貝の種類《しゅるい》に好《この》みはあるのか調《しら》べたそうです。

「自分でヤドカリと貝がらをとりにゆき、夜おそくまで実験室《じっけんしつ》で好《す》きなことができること、そして、すぐそこに海があるというだけで幸《しあわ》せです。」と書いてありました。

ビクトリア大学での経験《けいけん》から基礎研究《きそけんきゅう》のほうに興味《きょうみ》が向《む》いていきました。

そして、大学院修士課程《だいがくいんしゅうしかてい》は、アメリカのメイン大学を選《えら》び、プランクトンの研究《けんきゅう》を始《はじ》めたのです。

動物《どうぶつ》プランクトンは一日のうちに、海面《かいめん》に近い浅《あさ》いところに上がってきたり、深《ふか》いところに移《い》動《どう》したりします。日周鉛直移動《にっしゅうえんちょくいどう》といいます。指導教官《しどうきょうかん》のピート・ジェームス先生から、研究《けんきゅう》の基《き》礎《そ》をしっかり学んだそうです。そのころ芽衣《めい》ちゃんから来た手紙です。

「メイン州《しゅう》の大学院《だいがくいん》に進《すす》み、一年半がたとうとしています。メイン州《しゅう》でもカキの養殖《ようしょく》（クラスオストレア・バージニカ）が行われております。生ガキを食べる機会《きかい》が何度《なんど》かありましたが、やはり日本のカキのほうがおいしいです。」

クラスオストレア・バージニカ――むかし、その名前をきいたことを思い出しました。わたしが子どものとき、わが家のすぐ近くに、世界的《せかいてき》なカキ研究者《けんきゅうしゃ》・今井丈夫《いまいたけお》先生によって「かき研究所《けんきゅうじょ》」ができました。そこでは、大西洋《たいせいよう》カキの母貝《ぼがい》を舞根湾《もうねわん》にとり寄《よ》せ、人工採苗《さいびょう》（タンクの中で産卵《さんらん》させ、人工的《じんこうてき》にカキの種《たね》を生産《せいさん》すること）の試験《しけん》をしていたのです。しょっちゅう遊《あそ》びにいくわたしを今井《いまい》先生はかわいがってくれました。そのとき、クラスオストレア・バージニカという大西洋《たいせいよう》カキの学名を、まだ中学生になったばかりの子どもに教えてくれたのです。

芽衣《めい》ちゃんが学名を書いてくれたので、そのことを思い出したのです。その産地《さんち》は、アメリカ大西洋岸《たいせいようがん》、メイン州《しゅう》であることも知ったのでした。

メイン大学での研究《けんきゅう》生活は充実《じゅうじつ》していましたが、大学以外《いがい》の社会も見てみたいと思い、芽衣《めい》ちゃんは卒業後《そつぎょうご》、帰国して就職《しゅうしょく》しました。魚群探知機《ぎょぐんたんちき》をつくっている会社だそうです。函館《はこだて》で、北海道大学水産学部《ほっかいどうだいがくすいさんがくぶ》や水産試験場《すいさんしけんじょう》との共同研究《きょうどうけんきゅう》にかかわる仕事《しごと》をしました。また、年に一度《ど》か二度《ど》、函館市《はこだてし》の小学生を相手《あいて》にした環境教育《かんきょうきょういく》のイベントにも参加《さんか》しました。

高校生のとき、舞根湾《もうねわん》で体験《たいけん》したことを思い出したそうです。

二年間働《はたら》きましたが、研究《けんきゅう》の道にもどりたいという気持《きも》ちが強くなり、会社をやめました。大学院《だいがくいん》にもどることを決意《けつい》したのです。

大学院《だいがくいん》は、交換留学《こうかんりゅうがく》で行ったカナダのビクトリア大学大学院《だいがくいん》の博士課程《はくしかてい》に入学しました。動物《どうぶつ》プランクトンの日周鉛直移動《にっしゅうえんちょくいどう》が季節《きせつ》とともにどのように変《か》わるか研究《けんきゅう》したのです。

そして平成《へいせい》二十五年（二〇一三）五月、博士課程《はくしかてい》を修了《しゅうりょう》し、水産学博士号《すいさんがくはくしごう》を取得《しゅとく》したというのです。「論文《ろんぶん》のひとつが印刷《いんさつ》されました。」と送《おく》られてきました。

あの少女が博士《はかせ》に……。

「〝おもしろそうじゃない、受《う》け入《い》れてあげなさいよ。地震学《じしんがく》より生物《せいぶつ》のほうがおもしろいに決《き》まってますよ。〟――十五年前のおまえのひとことが、少女をプランクトンの博士《はかせ》にしたなあ。」

わたしたち夫婦《ふうふ》はしみじみと喜《よろこ》びを語りあったのでした。

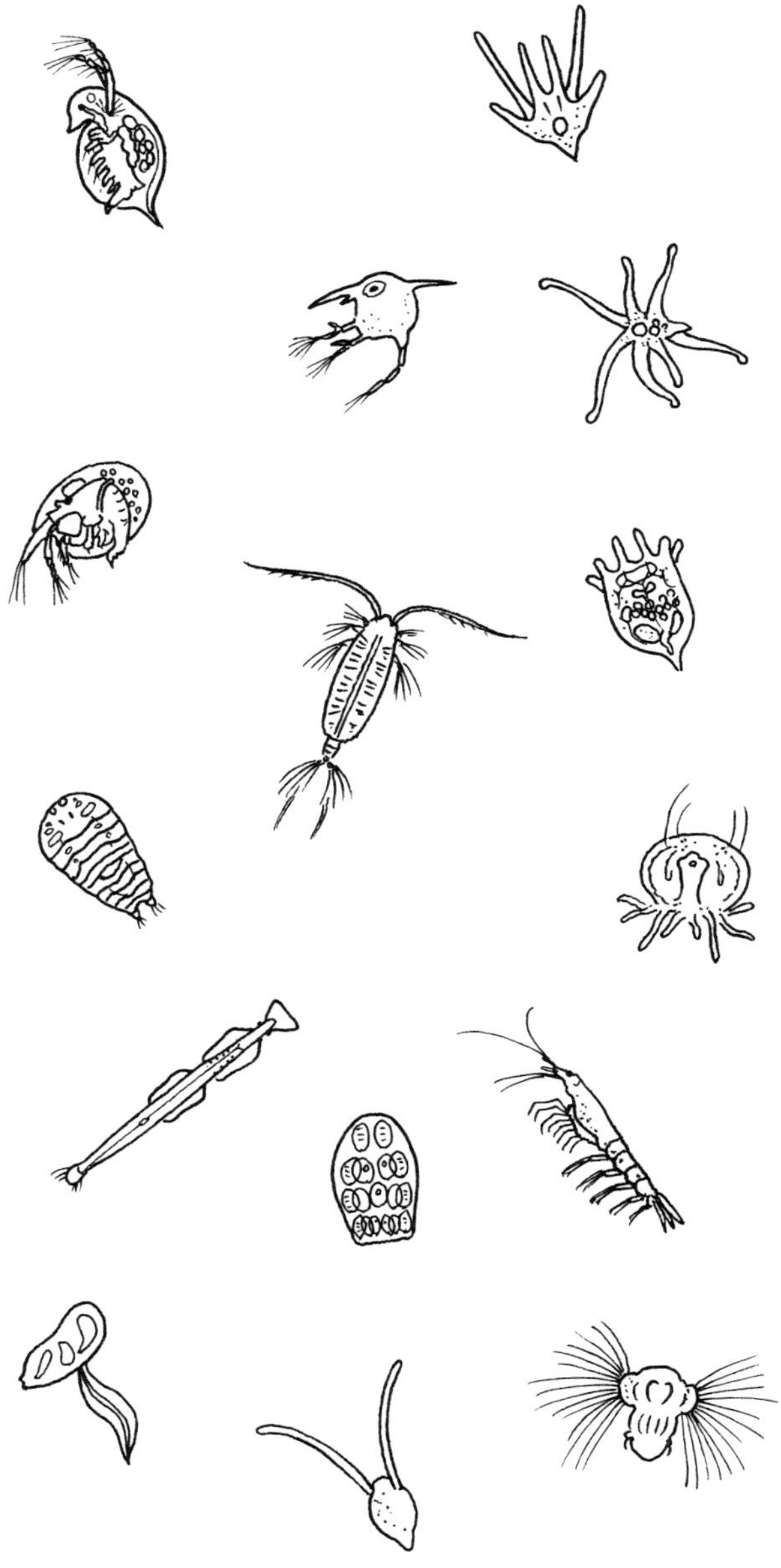

動物プランクトンたち

第《だい》3章《しょう》　長ぐつをはいた教授《きょうじゅ》さま

世界水《せかいみず》フォーラム

平成《へいせい》十四年（二〇〇二）春、京都大学《きょうとだいがく》の白山義久《しらやまよしひさ》先生という方から、とつぜん電話が来ました。

「来年三月十六日から二十三日に、京都《きょうと》などで〝世界水《せかいみず》フォーラム〟という国際会議《こくさいかいぎ》が開催《かいさい》されるのですが、漁師《りょうし》さんの森づくりについて三十分ほど話していただけませんか。今まで、飲《の》み水《みず》や農業《のうぎょう》用水が不足《ふそく》していることなど、真水《まみず》についてばかりだったのですが、河川水《かせんすい》が海の生《い》き物《もの》とかかわっているということが、やっとテーマにとりあげられることになりました。」

というのです。「畠山《はたけやま》さんの出番ですよ、お願《ねが》いしますよ。」というわけです。

白山《しらやま》先生の専門《せんもん》は、海底《かいてい》の泥《どろ》の中にすんでいる小さな生き物たちだそうです。

「カキのうんこを食べてるから、親戚《しんせき》みたいなもんだよ。ハハハハハ。」
と笑《わら》っています。つい引きこまれ、
「ハイ、わかりました。」
と答えてしまったのです。

平成《へいせい》元年（一九八九）から始《はじ》めた「森は海の恋人運動《こいびとうんどう》」は、いろいろなところで大きなショックをあたえたようです。わたしは各地《かくち》で開《ひら》かれるシンポジウムなどにまねかれる機会《きかい》がふえていました。

でも、国際会議《こくさいかいぎ》なんて想像《そうぞう》もできません。心配《しんぱい》になってきました。

そのとき、「そうだ、成澤《なるさわ》さんに相談《そうだん》してみよう。」と思ったのです。成澤恒人《なるさわつねと》さんは、釣《つ》りが好《す》きな方で、毎年、「森は海の恋人植樹祭《こいびとしょくじゅさい》」に参加《さんか》している常連《じょうれん》です。ずっと、英語《えいご》の辞書《じしょ》などの編集《へんしゅう》をしていて、たよりになる相談役《そうだんやく》でした。

「『森は海の恋人《こいびと》』は世界《せかい》じゅうどこでも共通《きょうつう》する考え方で

成澤恒人さん

す。三陸《さんりく》の海辺《うみべ》から世界《せかい》へ発信《はっしん》するいい機会《きかい》です。お手伝《てつだ》いできることがあったら、なんでも協力《きょうりょく》しますよ。」

と言ってくれました。

そこで、なぜ漁師《りょうし》が森づくりをすることになったかという理由《りゆう》、北海道大学教授《ほっかいどうだいがくきょうじゅ》・松永勝彦《まつながかつひこ》先生から学んだ森・川・海のつながりのメカニズムなどを、わたしが文章《ぶんしょう》に起《お》こし、成澤《なるさわ》さんに英語《えいご》に訳《やく》してもらってパンフレットをつくり、会場で配《くば》ることにしました。世界水《せかいみず》フォーラムでは、それを読み上げて、責任《せきにん》を果《は》たしたことにしようと思ったのです。

やがて、「畠山《はたけやま》さん、できました。」と、英語《えいご》でびっしり埋《う》めつくされた紙が送《おく》られてきました。

残念《ざんねん》ながらわたしは、英語《えいご》をちゃんと学ぶ機会《きかい》がありませんでした（カキと話す「カキ語」はできるのですが！）。フィッシャーマンとか、オイスターとか、シーフードとかの単語《たんご》はわかるのですが、あとはほとんどチンプンカンプンです。

辞書《じしょ》を引きながら、少し読み方を練習《れんしゅう》してみました。そして、アメリカの大学に留学《りゅうがく》した娘《むすめ》の愛子《あいこ》に電話をして読んできかせてみたのです。すると、

「お父さん、どこの言葉《ことば》なの？　少し東北弁《とうほくべん》も混《ま》じってるし、全然《ぜんぜん》意味《いみ》が通じません。やめたほうがいいよ。」ガチャン、でした。

やっぱりいつものように自分の言葉《ことば》で話して、通訳《つうやく》さんのお世話《せわ》になることにしました。

「でも、せっかくの国際会議《こくさいかいぎ》ですから、あいさつぐらいは英語《えいご》でしたいですよね。」

と、成澤《なるさわ》さんに相談《そうだん》すると、

「いいアイディアがあります。パンフレットの表紙《ひょうし》に印刷《いんさつ》してある短歌《たんか》の英訳《えいやく》を練習《れんしゅう》して話してみてはどうですか。」

と言われたのです。

それは、〝森は海の恋人《こいびと》〟という言葉《ことば》が生まれる元となった、熊谷龍子《くまがいりゅうこ》さんの歌です。

森は海を海は森を恋《こ》いながら　悠久《ゆうきゅう》よりの愛紡《あいつむ》ぎゆく

As the forest sighs for the sea
　The sea yearns for the forest
　Eternal threads of love are spun.

短《みじか》いので、これぐらいなら暗誦《あんしょう》できそうです。

「終《お》わりのところの Eternal threads of love（イターナル・スレッズ・オブ・ラブ）、これは途《と》中《ちゅう》で切らないで続《つづ》けて言うこと。」と、成澤《なるさわ》さんにくどく言われました。

やっとの思いで暗記《あんき》し、世界水《せかいみず》フォーラムに出席《しゅっせき》したのです。

発表者《はっぴょうしゃ》はもちろん世界《せかい》から集《あつ》まった研究者《けんきゅうしゃ》ばかりで、通訳《つうやく》が必要《ひつよう》なのはわたしだけです。成《なる》澤《さわ》さんに、「スピーチはなるべくセンテンスを短《みじか》く、通訳《つうやく》しやすいように。」とアドバイスを受《う》けていました。

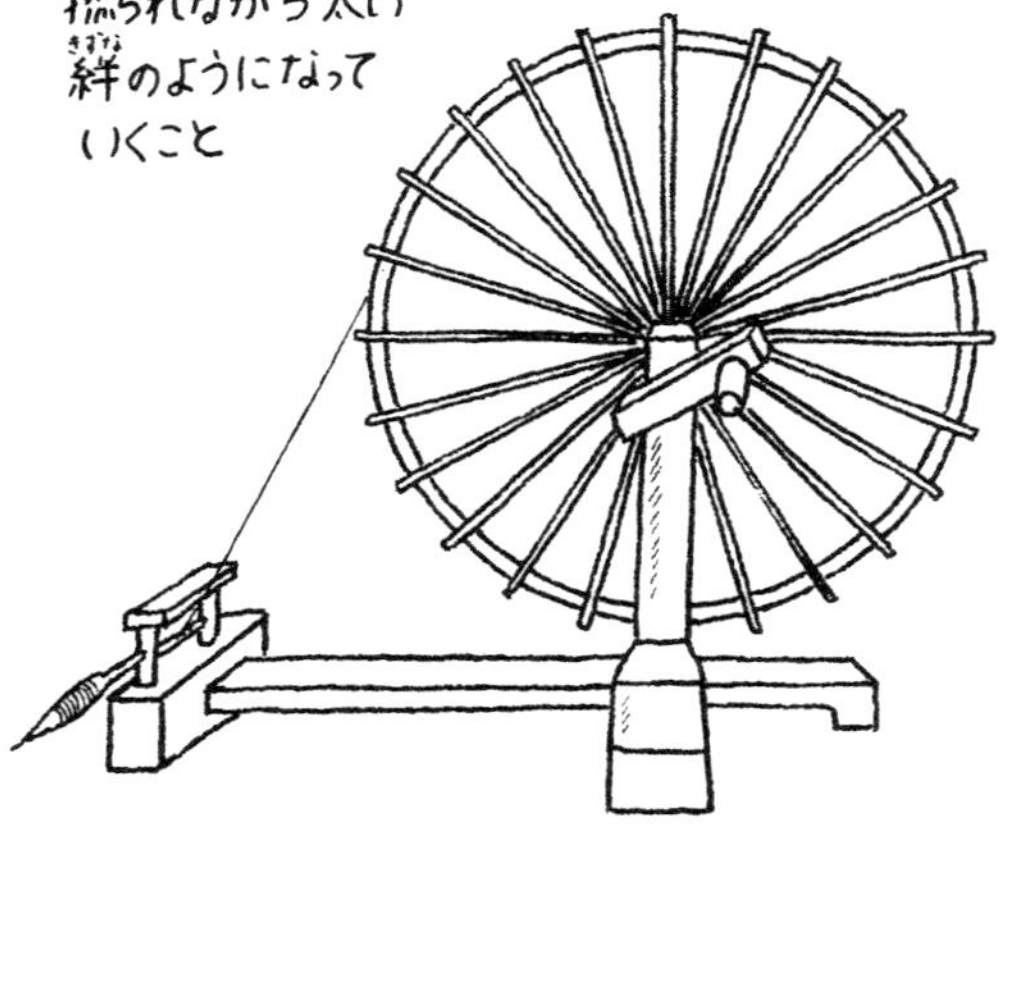
英訳の中の spun (spin) は
紡ぐという意味。
紡ぐとは、細い糸と糸が互いに
撚《よ》られながら太い
絆《きずな》のようになって
いくこと

そして最後《さいご》に、この短歌《たんか》をそらんじたのでした。

「イターナル・スレッズ・オブ・ラブ……アー・スパーン。」

うまくいきました！

会場から思ってもみなかった拍手《はくしゅ》が起《お》こりました。

この短歌《たんか》の英訳《えいやく》がよかったのだと感《かん》じました。意味《いみ》が伝《つた》わったのです。

白山《しらやま》先生がニコニコして、

「畠山《はたけやま》さん、よかったですよ。これで海洋生物《かいようせいぶつ》の研究者《けんきゅうしゃ》が、世界水《せかいみず》フォーラムでのポジションを確保《かくほ》できました。」

と、手をにぎってくれたのです。

ピンチヒッター

世界水《せかいみず》フォーラムにまねかれた年（平成《へいせい》十五年）の十月末《まつ》、京都《きょうと》大学《だいがく》からまた連絡《れんらく》がありました。

「相談《そうだん》したいことがあるので、畠山《はたけやま》さんの養殖場《ようしょくじょう》を訪《おとず》れたいのですが……。林学の教授《きょうじゅ》、河川生《かせんせい》態学《たいがく》の教授《きょうじゅ》、水産学《すいさんがく》の教授《きょうじゅ》の三人で行きます。」

というのです。

はるばる京都《きょうと》からなんだろう？　しかも三人の博士《はかせ》が来られるとは、と考えてしまいました。

「まるで、クリスマスの聖劇《せいげき》じゃないの！　黄金（王のしるし）、乳香《にゅうこう》（司祭《しさい》のしるし）、没薬《もつやく》（救《すく》い主《ぬし》のしるし）を携《たずさ》えてイエス・キリストの誕生《たんじょう》を祝《いわ》いにくる東方三博士《とうほうさんはかせ》みたいね。」

と、家内も首をかしげています。

そして、本当に三博士《さんはかせ》がやってきました。

〈京都大学《きょうとだいがく》フィールド科学教育研究《かがくきょういくけんきゅう》センター長〉

という肩書《かたがき》の田中克《たなかまさる》先生が口を開《ひら》きました。田中《たなか》先生は稚魚《ちぎょ》（魚の赤ちゃん）の研究者《けんきゅうしゃ》で、とくに有明海《ありあけかい》に注《そそ》ぐ筑後川《ちくごがわ》に上ってくる魚を三十年も研《けん》究《きゅう》されているというのです。

「『森は海の恋人運動《こいびとうんどう》』のことは、以前《いぜん》から気に

東方の(京都から来た西方の?)三博士
林学 竹内典之先生
河川生態学
山下洋先生
水産学
田中克先生

かけていました。

森・川・海と自然《しぜん》はつながっているのですが、現在《げんざい》の学問体系《がくもんたいけい》はたて割《わ》りで、ぜんぶべつべつに研究《けんきゅう》しています。しかし、これではいけません。京都大学《きょうとだいがく》はやっとの思いで森から海までを統合《とうごう》した、世界《せかい》で初《はじ》めての学問《がくもん》〝森里海連環学《もりさとうみれんかんがく》〟を立ちあげました。」

というのです。

「森は海の恋人運動《こいびとうんどう》」がスタートして十四年の月日が過《す》ぎていました。これは、みんなひとりひとりが大切《たいせつ》にしなければいけない考え方だという、社会的評価《しゃかいてきひょうか》は高まっていましたが、学問《がくもん》として大学がとりあげてくれないことが気がかりだったのです。そんな中で、京都大学《きょうとだいがく》が世界初《せかいはつ》の学問《がくもん》として研究《けんきゅう》を始《はじ》めたというのです。こんなうれしいことはありません。わたしは思わず涙《なみだ》があふれてしかたありませんでした。

でも、その報告《ほうこく》をしにわざわざ三人が来られたのだろうか、と心配《しんぱい》になりました。すると、田《た》中《なか》先生が、

「そこで、お願《ねが》いがあるのですが。」

と、神妙《しんみょう》な顔で切り出しました。同行の二人の先生も、かしこまって頭を下げています。わたし

は、どうしたらいいのか、困《こま》ってしまいました。

「フィールド科学教育研究《かがくきょういくけんきゅう》センター立ちあげのシンポジウムを開催《かいさい》することになっているのですが、その基調講演《きちょうこうえん》を引《ひ》き受《う》けてくれませんか？　まことに急《きゅう》なことですが、一週間後です。」

というのです。

「じつは、スウェーデンの著名《ちょめい》な海洋学者《かいようがくしゃ》、グンナ・クーレンベルグ博士《はかせ》にお願《ねが》いしていたのですが、急病《きゅうびょう》で手術《しゅじゅつ》をされ、出席《しゅっせき》できないと言われたのです。ピンチヒッターで恐縮《きょうしゅく》ですが、なんとかお願《ねが》いします。」

と、たのまれたのです。

学者《がくしゃ》の先生の講演《こうえん》スタイルは、パワーポイントに資料《しりょう》のデータや映像《えいぞう》をインプットし、それを映《うつ》しながら行うことは知っていました。世界《せかい》で初《はじ》めてという学問《がくもん》の立ちあげとなると、講演者《こうえんしゃ》はかなり内容《ないよう》を吟味《ぎんみ》する必要《ひつよう》があります。とうてい一週間で準備《じゅんび》するのは無理《むり》です。

これは世界水《せかいみず》フォーラムでお会いした白山《しらやま》先生がかかわっているな、と思いました。きっと、「あの人なら、パワーポイントも原稿《げんこう》も持《も》たないで経験談《けいけんだん》を語れるはずだ。たのんでみたら。」と言われてきたのでしょう。

一週間後、わたしは京都大学《きょうとだいがく》の壇上《だんじょう》に立っていました。なんと司会《しかい》は白山《しらやま》先生でした。やっぱり、と思いました。

いろいろな学部《がくぶ》の教授連《きょうじゅれん》、ほかの大学から招待《しょうたい》されたお客《きゃく》さまもたくさん来ています。学生もいっぱいです。

講演《こうえん》時間は九十分です。世界水《せかいみず》フォーラムのときに話したことを軸《じく》に、いろいろおもしろいことを付《つ》け加《くわ》えて、わたしは経験談《けいけんだん》を語りました。

漁師《りょうし》が京都大学《きょうとだいがく》の壇上《だんじょう》に立ったのは、歴史上初《れきしじょうはじ》めてのことでしょう。そんなものめずらしさもあったと思います。熱心《ねっしん》に話をきいてくれました。

気仙沼《けせんぬま》に来られた三人の博士《はかせ》も、ほっとした様子《ようす》でした。

もうここに来ることはないだろうと思いました。大学の宿舎《しゅくしゃ》の引きだしに入っていた〝京都大学《きょうとだいがく》〟と印刷《いんさつ》された便箋《びんせん》と封筒《ふうとう》を、記念《きねん》にカバンにしまい、京都《きょうと》をあとにしました。

ところが、年が明けると、田中《たなか》先生から連絡《れんらく》がありました。

「大学総長名《だいがくそうちょうめい》で〈社会連携教授《しゃかいれんけいきょうじゅ》〉という称号《しょうごう》を授与《じゅよ》しますので、京都大学《きょうとだいがく》の講義《こうぎ》を引《ひ》き受《う》けてください。それから、夏休みにポケット・ゼミという、少人数の学生で行うフィールドワークがあるのですが、舞根《もうね》でそれも受《う》け入《い》れてください。」

というのです。

仲間《なかま》に報告《ほうこく》すると、喜《よろこ》んでくれました。でも、「講義《こうぎ》に行くときに革《かわ》ぐつは似合《にあ》わないな。」と言われました。「漁師《りょうし》なんだから、ゴム長ぐつで行ったら。」と言うのです。天気が悪《わる》い雨の日は、ゴム長にすることにしました。気仙沼《けせんぬま》から京都《きょうと》までは、ローカル線で一《いち》ノ関《せき》まで行き、一《いち》ノ関《せき》から新幹線《しんかんせん》を乗《の》り継《つ》いで八時間かかります。新幹線《しんかんせん》にゴム長で乗《の》ると、ジロジロ見られるような気がします。

わたしの担当《たんとう》は、入学したばかりの一回生です。今まで受験勉強《じゅけんべんきょう》ばかりで、釣《つ》りもしたことがないという学生がほとんどです。カキの話に興味津々《きょうみしんしん》です。

九十分のうち、最後《さいご》の十五分ほどは講義《こうぎ》の感想《かんそう》を書く時間にあてられます。どんな感想《かんそう》が来るか心配《しんぱい》でした。でも、「今まで受《う》けた講義《こうぎ》の中で、いちばんよかった。」というのが多かったのです。安心《あんしん》しました。パワーポイントを使《つか》わない、黒板《こくばん》だけのむかしのスタイルがいいのですね。

〝長ぐつをはいた教授《きょうじゅ》さま〟というニックネームをつけられたことを知りました。

夏休みになると、ポケット・ゼミの学生たちが舞根《もうね》に訪《おとず》れました。

初年度《しょねんど》の引率《いんそつ》は、最初《さいしょ》に来られた三博士《さんはかせ》のうちの二人で、魚類学《ぎょるいがく》の田中《たなか》先生と林学の竹内典之《たけうちみちゆき》先生です。こんなとりあわせは、今までだったらまったく考えられなかったそうです。

やってきた学生の学部《がくぶ》もいろいろです。理系《りけい》・文系《ぶんけい》ごちゃまぜです。舞根《もうね》に来たいと希望《きぼう》する学生が多く、抽選《ちゅうせん》になったそうです。

九九鳴《くくな》き浜《はま》という白い砂浜《すなはま》に行き、小型《こがた》のトロール網《あみ》（魚を獲《と》るための、ふくろ状《じょう》になった網《あみ》）のような用具《ようぐ》を海中に投《な》げ入《い》れて引きます。小さなヒラメの子どもがいっぱいとれました。田中《たなか》先生は日本を代表《だいひょう》するカレイ類《るい》の研究者《けんきゅうしゃ》です。ヒラメの目玉が右から左に移動《いどう》する話をききました。

生《い》き物《もの》を観察《かんさつ》する学生の顔は、生き生きとかがやいています。

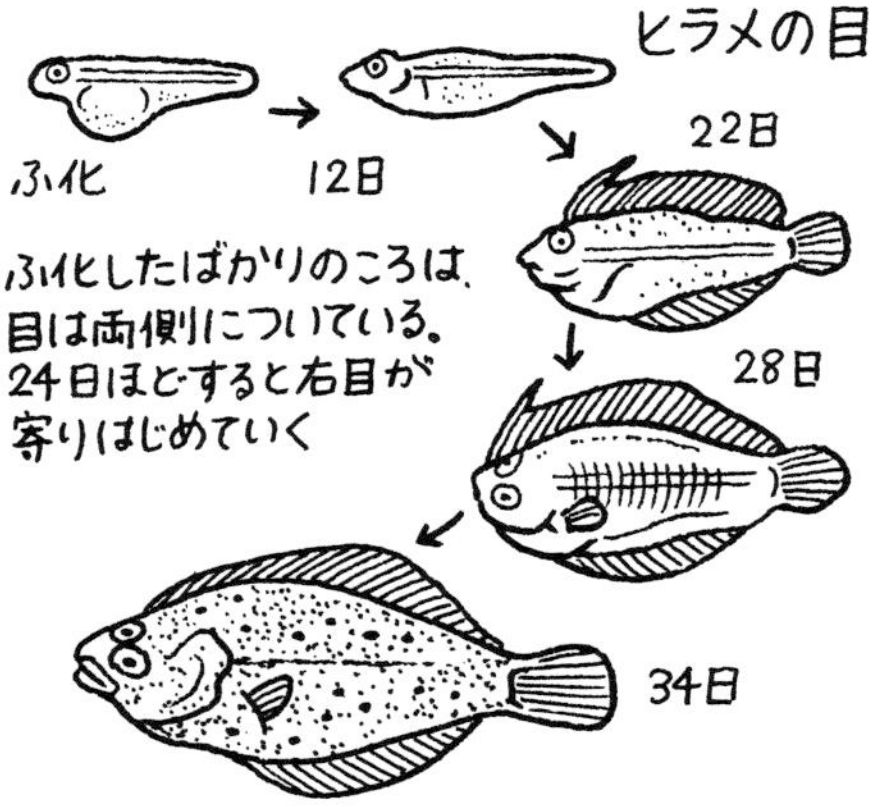
ヒラメの目
ふ化
12日
22日
ふ化したばかりのころは、目は両側についている。24日ほどすると右目が寄りはじめていく
28日
34日

湾《わん》に注《そそ》いでいる川をさかのぼり、落葉広葉樹《らくようこうようじゅ》の森へ行くと、林学の竹内《たけうち》先生の出番です。四十種《しゅ》以上《いじょう》の苗木《なえぎ》がすくすく育《そだ》っているのを見て、

「いい森ですね。」

と、ほめてもらいました。素人《しろうと》の漁師《りょうし》が育《そだ》てている森を、日本を代表《だいひょう》する林学者《りんがくしゃ》がほめてくれているのです。

「むかしから、〝魚付《うおつ》き林《りん》〟といって、海辺《うみべ》の森が魚を集《あつ》めていることは知られていましたが、川の流域《りゅういき》の森全体《ぜんたい》が魚付《うおつ》き林《りん》であることが、よく理解《りかい》できますね。自然《しぜん》はトータルで考えなければいけませんね……。」

学生たちは大きくうなずいています。

〝森里海連環学《もりさとうみれんかんがく》〟とは、よく名づけたものです。

「里に暮《く》らす人間の意識《いしき》によって、自然《しぜん》はよくも悪《わる》くもなりますね。」

哲学《てつがく》を学ぶ学生が大きくうなずいていました。こうして、毎年学生たちが訪《おとず》れるようになり、三陸《さんりく》の海辺《うみべ》と京都大学《きょうとだいがく》の交流《こうりゅう》は、深《ふか》まっていったのです。

第《だい》4章《しょう》 3・11

千年に一度《ど》の大津波《おおつなみ》

平成《へいせい》二十三年（二〇一一）三月十一日。

その日、三陸舞根《さんりくもうね》の海辺《うみべ》は静《しず》かな朝をむかえていました。

春のおそい北国にもマンサクの花が咲《さ》きはじめ、海ではワカメの収穫《しゅうかく》が始《はじ》まっていました。スプリングブルーム（年一回、早春に見られる植物《しょくぶつ》プランクトンの大発生《だいはっせい》）が起《お》こり、カキやホタテの成長《せいちょう》も順調《じゅんちょう》でした。

十一日は週末《しゅうまつ》をひかえる金曜日で、カキ、ホタテの注文《ちゅうもん》が

マンサク（マンサク科）
東北地方の方言で
「まんず咲く」が名前の
由来といわれている

多く、朝から水あげや出荷作業《しゅっかさぎょう》で大いそがしでした。

お昼過《ひるす》ぎ、一段落《いちだんらく》したので、カキのイケスの上にある海辺《うみべ》のわたしの部屋《へや》で、しめきりが近くなっていた連載《れんさい》の原稿《げんこう》にとりかかっていたのです。

二時半過《す》ぎ、かすかな地震《じしん》を感《かん》じました。「また地震《じしん》だな。」と思いました。ここ四、五年地震《じしん》を感《かん》じることが多かったのです。

そのたびに各地区《かくちく》にとりつけられているスピーカーから、「ただいま地震《じしん》がありました。津波《つなみ》の心配《しんぱい》はありません。」とくりかえされることが多く、この日も「またか。」と思った人が多かったと思います。

でも、本だなの本が落《お》ちそうになり、手でささえていたのですが、バラバラ落《お》ちはじめました。グラグラと地震《じしん》が大きくなり、本がどんどん落《お》ちてきて、とても手でおさえられなくなりました。

やがてサイレンが鳴り、スピーカーから、

「三陸《さんりく》地方に大津波警報《おおつなみけいほう》が発令《はつれい》されました。すぐ避難《ひなん》してください。」

と、放送《ほうそう》されたのです。大津波警報《おおつなみけいほう》は、最大《さいだい》の警報《けいほう》です。

じつは前の年、平成《へいせい》二十二年（二〇一〇）の二月にも大津波警報《おおつなみけいほう》が発令《はつれい》されていました。南米チリで起《お》こった大地震《おおじしん》により、発令《はつれい》されたのです。

昭和《しょうわ》三十五年（一九六〇）、やはりチリで発生《はっせい》した大地震《おおじしん》により、三陸沿岸《さんりくえんがん》は大きな被害《ひがい》を受《う》けました。チリ地震津波《じしんつなみ》です。太平洋《たいへいよう》の対岸《たいがん》、チリで起《お》こった大地震《おおじしん》により、津波《つなみ》が太平洋《たいへいよう》を横断《おうだん》してきたのです。わたしは高校二年生でした。そのときから地震《じしん》があると、念入《ねんい》りな津波警報《つなみけいほう》が出るようになったのです。

でも平成《へいせい》二十二年二月の大津波警報《おおつなみけいほう》のときには、潮《しお》が少し動《うご》いただけで、ほとんど被害《ひがい》はありませんでした。結果《けっか》として、大津波警報《おおつなみけいほう》は空ぶりで、オオカミ少年となっていたのです。

三十分ほど海に動《うご》きはありませんでした。

でも、もしものことを考え、トラックを高いところに動《うご》かしたり、機械《きかい》をテーブルの上に上げたりしました。ほとんどの人が、津波《つなみ》が来るといっても五十年前のチリ地震津波程度《じしんつなみていど》だろう、と思っていたのです。そのときは、舞根《もうね》では被害《ひがい》が小さく、床上浸水《ゆかうえしんすい》の家はありましたが、家が流《なが》されることはなく、犠牲者《ぎせいしゃ》も出ませんでした。

やがて、潮《しお》が引きはじめました。そのときになって、チリ地震津波《じしんつなみ》のときとは様子《ようす》がちがうと思いました。

舞根湾全体《もうねわんぜんたい》の二割《わり》ほど潮《しお》が引いて海底《かいてい》が露出《ろしゅつ》したと思ったら、ぐんぐん海面《かいめん》が盛《も》り上《あ》がって七、八メートルの高さになり、湾《わん》の奥《おく》をめざして動《うご》きだしたのです。

「逃《に》げろ。」

声がそこここから上がり、わたしは高台の自宅《じたく》の庭《にわ》までかけ上がりました。

海辺《うみべ》の家はどんどんのみこまれてゆきます。養殖《ようしょく》イカダや船もおし流《なが》されてきます。やがて、引《ひ》き波《なみ》に変《か》わりました。

津波《つなみ》のこわさは引《ひ》き波《なみ》にあることは、経験《けいけん》していました。

大きなスギの木が、根《ね》こそぎ引きぬかれ、立ったまま流《なが》れてくるのです。

海面《かいめん》から十メートルはある、イケスの上のわたしの部屋《へや》も、あっさり流《なが》されてしまいました。

やがて、第《だい》二波《は》が来ました。

第《だい》二波《は》で、わたしの自宅《じたく》から下の家はぜんぶ消《き》えてしまいました。どこまで波《なみ》が上がってくるか、想像《そうぞう》がつきません。

とにかく少しでも高いところに逃《に》げようと、三歳《さい》の孫《まご》の慎平《しんぺい》をかかえて、裏山《うらやま》の雑木林《ぞうきばやし》を上へ上へとはい上がりました。犬のローリーとハナも放《はな》しました。

高いところから海を見ると、家の屋根《やね》が次々《つぎつぎ》に流《なが》れてゆくのが見えます。吉村昭《よしむらあきら》という作家が『三陸海岸大津波《さんりくかいがんおおつなみ》』という本に三陸《さんりく》の津波《つなみ》の歴史《れきし》を書いていますが、それよりずっと大きい、歴《れき》史的《してき》な大津波《おおつなみ》に遭遇《そうぐう》してしまったのだと思いました。

近所《きんじょ》の人たちのことも心配《しんぱい》でした。もっと山の奥《おく》のほうまで行ってみると、避難《ひなん》してきた人々が三十人ほどかたまっていました。

でも、意外《いがい》なのですが、みんな淡々《たんたん》としています。泣《な》きさけんだりしている人は、ひとりもいないのです。三陸《さんりく》の海辺《うみべ》に暮《く》らす人々は、津波《つなみ》はしかたがないと、あきらめの気持《きも》ちがあるのです。

夕暮《ゆうぐ》れが近づき、寒《さむ》くなってきました。道路《どうろ》が流《なが》されてしまったので、車はあるのですが、移《い》動《どう》ができません。

とにかく今夜を乗《の》りきらなければ、と思いました。八十歳《さい》を超《こ》えた人もいます。この寒《さむ》さでは、お年寄《としよ》りの命《いのち》にかかわると思ったのです。

いちばん高いところに建《た》っているのが、わたしの家です。おそるおそる引《ひ》き返《かえ》してみると、屋根《やね》が見えました。自宅《じたく》はぶじだったのです。これで今夜はなんとかなりそうだ、と思いました。

まわりの木の枝《えだ》を見て、びっくりしました。マンサクの枝《えだ》にロープが引っかかっているのです。海面《かいめん》から二十メートル以上《いじょう》のところまで波《なみ》が来たということです。

この高さの場所《ばしょ》に家を建《た》ててくれたのは祖父《そふ》です。明治《めいじ》二十年（一八八七）生まれで、こんな三陸《さんりく》の寒村《かんそん》から、はるか熊本五高《くまもとごこう》（現《げん》・熊本大学《くまもとだいがく》）に進学《しんがく》したほどの人です。津波《つなみ》の歴史《れきし》を調《しら》べていて、この高さに決《き》めてくれたのだと思いました。

急《いそ》いでみんなのところにもどり、家がぶじだと伝《つた》えると、ほっとした顔がもどってきました。自宅《じたく》を開放《かいほう》し、お年寄《としよ》りと婦人《ふじん》たち優先《ゆうせん》で部屋《へや》に入ってもらい、男たちは廊下《ろうか》や車の中で、なんとか暖《だん》をとりました。

電気、水道、電話は止まり、ケータイも通じません。ラジオが唯一《ゆいいつ》の情報源《じょうほうげん》です。被害《ひがい》は茨城《いばらき》県北部《けんほくぶ》から青森県《あおもりけん》の八戸《はちのへ》まで五百キロに及《およ》んでいて、万を超《こ》える人が亡《な》くなったのではといっています。福島《ふくしま》の原子力発電所《はつでんしょ》のことも、報《ほう》じられはじめました。

三人の孫《まご》――幸子《さちこ》（小五）、紘一《こういち》（小三）、寛司《かんじ》（幼稚園《ようちえん》）、そして、気仙沼《けせんぬま》の街《まち》にある福祉施設《ふくししせつ》でお世話《せわ》になっている母・小雪《こゆき》のことが心配《しんぱい》でしたが、どうにもなりません。

また、三男の信《まこと》が船の脱出《だっしゅつ》を図《はか》り、沖《おき》へ出ていったままです。脱出後《だっしゅつご》のメールによると（津波《つなみ》発生直後《はっせい》はまだ携帯電話《けいたいでんわ》が使《つか》えた）、船を捨《す》てて大島《おおしま》に泳《およ》いでわたったというのです。

〈その日の夜〉

ドカン、ドカン。

気仙沼《けせんぬま》の街《まち》のほうから爆発音《ばくはつおん》がきこえてきました。

石油《せきゆ》タンクに火がついたのではないか、と不安《ふあん》はますばかりです。

〈一夜明けて――二日目〉

夜が明けて、朝日の中に見えてきた光景《こうけい》は忘《わす》れることができません。

湾《わん》をとりかこむように海辺《うみべ》に建《た》っていた家が一軒《けん》もないのです。

水山養殖場《みずやまようしょくじょう》の作業場《さぎょうば》と事務所《じむしょ》は、土台だけ残《のこ》してみごとに消《き》えています。

残《のこ》っているのは、コンクリートの水槽《すいそう》だけです。水槽《すいそう》をとりかこんでいる鉄骨《てっこつ》の建物《たてもの》は、見るも無惨《むざん》に折《お》れ曲《ま》がり、がれきの山と化《か》しています。

水槽《すいそう》には、昨日《きのう》水あげした二万個《こ》のホタテの残《のこ》りが泳《およ》いでいました。ポンプが止まってしまいましたから、二、三日中には死《し》んでしまうでしょう。

五隻《せき》あった作業船《さぎょうせん》もぜんぶ姿《すがた》を消《け》しています。

体験学習《たいけんがくしゅう》のためにつくった木造《もくぞう》の和船《わせん》、あずさ丸も見えません。

孫《まご》たちがメバル釣《つ》りに使《つか》う木造《もくぞう》の小舟《こぶね》も姿《すがた》を消《け》してしまいました。

水槽《すいそう》の上に建《た》っていたわたしの部屋《へや》も、土台だけで、なんにも残《のこ》っていません。

二十二年間続《つづ》けてきた、「森は海の恋人運動《こいびとうんどう》」の資料《しりょう》も、ぜんぶここにあったのです。

オーストラリアのハマースレー鉱山《こうざん》から持《も》ち帰《かえ》った、縞状鉄鉱石《しまじょうてっこうせき》もありません。

それより、すぐ近所《きんじょ》の十数軒《けん》の家がないのです。

少し高いところに建《た》っていたいちばん奥《おく》の家は残《のこ》っているのですが、ひっくりかえって、屋根《やね》が下で土台が上になっていました。

「命《いのち》が助《たす》かっただけで、ありがたいと思いましょう。」

そう言いあって、はげましあいました。


ご婦人《ふじん》たちは動《うご》きだしました。

レンガを集《あつ》めてきて即席《そくせき》のカマドをつくり、山から枯《か》れ木《き》を集《あつ》めてきて、もうご飯《はん》を炊《た》きはじめました。

男たちはバケツを持《も》って、沢《さわ》から水をくんできました。

あっというまに、おにぎりもできています。

たちまち、味噌汁《みそしる》や焼《や》き魚《ざかな》も出てきました。

この二十二年間、「森は海の恋人運動《こいびとうんどう》」でおおぜいのお客《きゃく》さんをむかえることが多く、百人単《たん》位《い》の食事《しょくじ》をつくってきたので、チームワーク抜群《ばつぐん》です。


気がかりなのは、気仙沼《けせんぬま》の街《まち》の施設《しせつ》にいる母の安否《あんぴ》です。

湾《わん》の対岸《たいがん》に行かないと、気仙沼《けせんぬま》の街《まち》に行けないのですが、潮《しお》が早くてわたれません。

お昼ごろになって、湾《わん》の中央《ちゅうおう》を行ったり来たりしていた潮《しお》が、やっとゆるんできました。

車は使《つか》えないので、一時間以上《いじょう》かかるだろうけれど、舞根峠《もうねとうげ》を街《まち》まで歩いていこうと、二男《じなん》の耕《こう》と出かけました。

海沿《うみぞ》いの電柱《でんちゅう》は、ぜんぶ倒《たお》れて道をふさいでいました。

携帯電話《けいたいでんわ》のアンテナ鉄塔《てっとう》が二基《き》、ぐんにゃりと曲《ま》がり、倒《たお》れています。

道沿《みちぞ》いに幅《はば》五メートルほどの川が流《なが》れていて、両側《りょうがわ》に十五戸ほどの家があったのですが、ぜんぶ流《なが》されています。

けれど、奥《おく》の三戸だけが残《のこ》っていました。

いちばん奥《おく》の家の奥《おく》さんはわが家でアルバイトをしている人なので、立《た》ち寄《よ》りました。

お互《たが》いのぶじを手をとりあって喜《よろこ》びあいました。

そして車を貸《か》してくれました。

わたしたちは峠《とうげ》を車で越《こ》えて、母のところへ向《む》かいました。

あんな大きな地震《じしん》だったのに、峠《とうげ》はなにごともなかったようで、ぶじに下ることができました。

街《まち》は黒煙《こくえん》が上がっています。

ゆうべの油火災《あぶらかさい》で、まだ燃《も》えているのです。

車を置《お》いて歩いていくと、すさまじい光景《こうけい》が目にとびこんできました。

がれきの山、山、山です。

三百トンはあろうかという漁船《ぎょせん》が、街《まち》の中にゴロゴロしているのです。

母の入所《にゅうしょ》している施設《しせつ》が見えました。

ちゃんと建《た》っていました。

でも、二階《かい》の窓《まど》は割《わ》れていました。

母の部屋《へや》は二階《かい》です。

胸《むな》さわぎがしました。

施設《しせつ》にたどりつくには、橋《はし》をわたらなければならないのですが、山のようにがれきが引っかかっています。おまけに船まで乗《の》りあげています。

川は潮《しお》がうずまいて上下していて、いつあふれるか、危険《きけん》な状態《じょうたい》です。

タイミングを計り、がれきの下をかいくぐり、橋《はし》をわたりました。

東京消防庁《しょうぼうちょう》のレスキュー隊《たい》が、生存《せいぞん》している入居者《にゅうきょしゃ》を車いすで運《はこ》んでいました。二階《かい》まで水びたしとなり、ゆうべは屋上《おくじょう》に避難《ひなん》していたらしいのです。

太平洋戦争末期《たいへいようせんそうまっき》、一歳半《さいはん》だったわたしを背負《せお》い、空襲《くうしゅう》の危険《きけん》をのがれて上海《シャンハイ》から鉄鉱石運搬船《てっこうせきうんぱんせん》にもぐりこみ、アメリカの潜水艦《せんすいかん》に攻撃《こうげき》される恐怖《きょうふ》におびえながら、日本に帰《かえ》り着《つ》いて生《い》き延《の》びた、運《うん》の強い母です。

望《のぞ》みを捨《す》ててはいませんでした。

しかし、顔見知りの看護師《かんごし》さんを見つけ、

「畠山小雪《はたけやまこゆき》は？」

と問《と》いますと、下を向《む》き、

「残念《ざんねん》です。」

と告《つ》げられました。

二階《かい》まで波《なみ》におそわれ、水を飲《の》んでしまったというのです。

終戦時《しゅうせんじ》は二十代《だい》でした。九十三歳《さい》で、あの大津波《おおつなみ》に立《た》ち向《む》かうのは無理《むり》だったのです。

「一目対面《たいめん》したいのですが。」

とお願《ねが》いしますと、

「立《た》ち入《い》り禁止《きんし》ですので。」

と言われました。

でも事情《じじょう》を説明《せつめい》しますと、では特別《とくべつ》に、と消防士《しょうぼうし》の方が案内《あんない》してくれました。

一階《かい》は完全《かんぜん》に破壊《はかい》され、二階《かい》も泥《どろ》だらけで、窓《まど》ガラスが大きく割《わ》れていました。

部屋《へや》のベッドに七十数体の遺体《いたい》がならんでいました。

ここから母をさがさなくてはいけないのです。

ひとりひとり手を合わせ、白布《はくふ》をめくっていきました。

顔見知りの人がいて、思わず声をかけました。

苦《くる》しい表情《ひょうじょう》の顔に出会うと、心がはりさけそうです。

耕《こう》が、

「これ、おばあちゃんのくつだ。」

と、指《ゆび》さしました。

見覚《みおぼ》えのあるくつです。

そっと白布《はくふ》をめくってみました。

安《やす》らかな顔がそこにありました。

寒《さむ》い思いをさせて申《もう》し訳《わけ》ありません――。

そう何度《なんど》もあやまるしかありませんでした。

ペットボトルの水でタオルをぬらし、顔の泥《どろ》をふいてあげました。

子育《こそだ》てのころは家業《かぎょう》がいそがしく、わたしの四人の子どもたちはほとんど母にまかせていました。

みんな、おばあちゃん子でした。

子どもたちのやさしい気性《きしょう》は、母に負《お》うところが大きいのです。

耕《こう》は、母が椿《つばき》が好《す》きなことを知っていて、椿《つばき》の花柄《はながら》の手ぬぐいを持参《じさん》してきていました。

そっと顔にかけていました。

家に帰ると、小学校と幼稚園《ようちえん》の三人の孫《まご》たちは、先生が避難《ひなん》させて公民館《こうみんかん》にいることがわかり、ほっとしました。

でも、三男の信《まこと》とは連絡《れんらく》がとれません。

近くの養殖漁民夫婦《ようしょくぎょみんふうふ》が、沖《おき》へ船を脱出《だっしゅつ》させたまま、まだ帰っていないこともわかりました。

長年、遠洋漁業《えんようぎょぎょう》のマグロ船に乗《の》って世界《せかい》の荒海《あらうみ》を経験《けいけん》しているので大丈夫《だいじょうぶ》だろうと、仲間《なかま》で話していますが、やはり気がかりです。

舞根地区《もうねちく》でも四人が行方不明《ゆくえふめい》になっていることがわかりました。

〈三日目〉

お昼近く、信《まこと》がひょっこり帰ってきました。

歓声《かんせい》があがり、抱《だ》きあって喜《よろこ》びました。

船を捨《す》てて泳《およ》いでわたった大島《おおしま》から、自衛隊《じえいたい》のヘリコプターに乗《の》せてもらってきたというのです。

地震《じしん》のとき、石油《せきゆ》タンクから油《あぶら》が流《なが》れ出《で》て海が燃《も》えました。その火は大島《おおしま》までわたり、山火事《やまかじ》が発生《はっせい》したといいます。

信《まこと》は、大島《おおしま》でその消火《しょうか》を手伝《てつだ》ってきたと、ケロリとしています。

あの日、船の脱出《だっしゅつ》がおくれたため、信《まこと》が唐桑半島《からくわはんとう》と大島《おおしま》のあいだに出たとき、津波《つなみ》の第《だい》二波《は》が山のようになって押《お》し寄《よ》せてきました。

いつもは船から見上げている赤い灯台《とうだい》を、船から見おろしていたそうです。

でも、うまい具合《ぐあい》に大島《おおしま》のそばを通る潮《しお》に乗《の》ることができました。

外浜《そとはま》という、大島《おおしま》の東側《ひがしがわ》の先端《せんたん》に近づいたとき、泳《およ》ぐ決心《けっしん》をしたそうです。

信《まこと》はアウトドア志向《しこう》で、急流《きゅうりゅう》を泳《およ》ぐ訓練《くんれん》を受《う》けていました。そのことが決心《けっしん》をさせたのです。両腕《りょううで》のつけ根《ね》に浮《う》き輪《わ》をくくりつけ、二百メートルほど泳《およ》ぎ、高台に建《た》っている家の庭《にわ》にたどりついたのだそうです。

「ちょうどそのころ、おばあちゃんが逝《い》ったんだ。おまえの身代《みが》わりになって助《たす》けてくれたんだな。」

と伝《つた》えると、泣《な》きくずれてしまいました。

末《すえ》っ子《こ》で、母の手をもっともわずらわせた、おばあちゃん子でした。

午後になって、近所《きんじょ》の漁民夫婦《ぎょみんふうふ》の船「金成丸《きんせいまる》」がゆっくりと舞根湾《もうねわん》に帰ってきました。燃料《ねんりょう》の残《のこ》りがぎりぎりだったそうです。

湾口《わんこう》から外海に出るとき、ハワイのサーフィンの映像《えいぞう》に出てくるような大波《おおなみ》が向《む》かってきたそうです。

まっすぐに向《む》かっては、のまれることを知っていました。少し船首をかたむけると、サーフィンのように波《なみ》を越《こ》えられて、外海に脱出《だっしゅつ》できたそうです。

「やっぱり本職《ほんしょく》の船乗《ふなの》りだなあ。」

みんなで、ほめたたえました。

みんな泣《な》きました。

小学校が、家を失《うしな》った人たちの避難先《ひなんさき》に決《き》まったことがわかりました。

そこで休む間もなく金成丸《きんせいまる》は、わが家に泊《と》まっていた人たちを学校近くの港《みなと》まで送《おく》ってくれました。交通手段《しゅだん》は船しかなく、船は金成丸《きんせいまる》一隻《せき》しかなかったのです。

夕方までかかって小学校に避難《ひなん》してもらったのです。

〈四日目から〉

四日目からは家族《かぞく》だけの生活になりました。

生きていくうえで、まず水が必要《ひつよう》です。

三歳《さい》の慎平《しんぺい》にもリュックを背負《せお》わせ、ペットボトルで沢《さわ》から水運《みずはこ》びをさせました。

十人と犬二匹《ひき》が必要《ひつよう》な水は、みんなで二回運《はこ》ばなくてはなりません。

電気が止まったので台所《だいどころ》のＩＨが使《つか》えません。ガスもありません。

キャンプ生活です。

キャンプといえば、信《まこと》がプロです。生活は信《まこと》が仕切《しき》っています。

海辺《うみべ》に行って、さびたまき、ストーブとえんとつを拾《ひろ》ってきて、裏庭《うらにわ》にすえつけました。

前の年に信《まこと》が子どもたちを集《あつ》めて行ったサマーキャンプのカレー用のジャガイモが、たくさん残《のこ》っていました。

米が少なくなってきたので、しばらくジャガイモが主食《しゅしょく》となったのです。

津波《つなみ》が起《お》きたために出荷《しゅっか》できなかった、発泡《はっぽう》スチロール箱《ばこ》に入れていたカキが、いっぱいありました。

流《なが》されてはいけないと、フォークリフトで高台の庭《にわ》に上げておいたものです。

まだ寒《さむ》いので、カキは何日も生きています。

朝起《お》きると、わたしの仕事《しごと》はカキむきです。

何日も、ジャガイモとカキの生活が続《つづ》きました。

信《まこと》が大きな鉄《てつ》のなべを拾《ひろ》ってきました。

おふろに入ることになったのです。

電気が止まっていますからボイラーが動《うご》かず、おふろをわかせませんでした。

ストーブに木をどんどん燃《も》やして、大きな鉄《てつ》なべにお湯《ゆ》がわいたら、三人がかりで浴槽《よくそう》に運《はこ》びます。

これを三回やると、なんとか入れるおふろになるのです。

鉄《てつ》なべの底《そこ》には、ススがべったりついています。

お湯《ゆ》を入れるとき、ススがくっつくので、浴槽《よくそう》のふちがまっ黒になりました。

ジャガイモは皮のまま
ゆでてむいて食べ、
カキはむいて、味噌で
にた
ビタミンC
や鉄分で
栄養ばっちり！

三月十四日は、孫《まご》の幸子《さちこ》の十一歳《さい》の誕生日《たんじょうび》です。

もちろん、ケーキなんかありません。ママがだいじにとっておいていたカステラに十一本のロウソクを立て、みんなで「ハッピー・バースデイ・トゥー・ユー」を歌いました。

「電気を消《け》さなくても暗《くら》いからいいよね。」

と慎平《しんぺい》が言ったので、みんなで大笑《おおわら》いとなりました。ママは、

「来年は大きいケーキにするからね。」

と、なぐさめています。

自衛隊《じえいたい》が来てくれました。大分《おおいた》の陸上自衛隊《りくじょうじえいたい》だそうです。

あっというまに道路《どうろ》が通れるようになったので、車でひとまわりしてみました。

五百トン近い巻《ま》き網漁《あみりょう》の船が、街《まち》のまん中に、いすわっています。

津波《つなみ》と火事《かじ》の被害《ひがい》で街《まち》の面影《おもかげ》はまったく消《き》えてしまっています。

でも、津波《つなみ》の届《とど》かなかったところは、なんの被害《ひがい》もないのです。

あまりにも極端《きょくたん》なちがいにおどろいてしまいました。

植樹祭《しょくじゅさい》をしている室根町《むろねまち》まで行くと、ケータイが通じ、友人たちとやっと話ができました。

車が通れるようになったので、給水車《きゅうすいしゃ》が水を届《とど》けてくれるようになり、水くみから解放《かいほう》されました。

食《た》べ物《もの》を積《つ》んで、友人たちも次々《つぎつぎ》にやってきてくれました。

あまりの被害《ひがい》の大きさに、どうなぐさめたらいいのか言葉《ことば》をさがしているのが、よくわかりました。

母の遺体《いたい》が気仙沼《けせんぬま》の小学校の体育館《たいいくかん》に安置《あんち》されているという通知があり、行ってみました。

広い体育館《たいいくかん》が、ぜんぶお棺《かん》で埋《う》めつくされているのです。

どこの体育館《たいいくかん》もいっぱいだそうです。

遺体《いたい》はきれいに処置《しょち》され、いたまないようにドライアイスで冷《ひ》やされていました。

火葬《かそう》は順番待《じゅんばんま》ちで、「二週間ほど待《ま》つようです。」と言われました。

毎日、家内とお花を持《も》ち、会いにゆきました。

火葬《かそう》を終《お》えたのは、亡《な》くなって十五日目のことでした。


ボランティアの人たちが来てくれるようになり、がれきのかたづけが始《はじ》まりました。

わが養殖場《ようしょくじょう》の設備《せつび》で残《のこ》っているのは、コンクリートの水槽《すいそう》だけです。

大量《たいりょう》のホタテが死《し》んで、悪臭《あくしゅう》を放《はな》っています。

まずそれをかたづけることにしました。

跡《あと》とり孫《まご》の紘一《こういち》は小学校三年生です。

お父さんの跡《あと》を継《つ》いで養殖業《ようしょくぎょう》をすると言っていました。

でも、あまりにもきびしい現実《げんじつ》です。

でも、このきびしさを経験《けいけん》しておくことは、将来《しょうらい》かならず役《やく》に立つ、とわたしは思いました。

そこで手袋《てぶくろ》をさせ、死《し》んだホタテをかたづける作業《さぎょう》を手伝《てつだ》わせたのです。

死《し》んだホタテにお線香《せんこう》をあげ、

「食べてあげられなくて、ごめんね。」

と手を合わせました。

海はからっぽ

四月になって、三重県漁業協同組合連合会《みえけんぎょぎょうきょうどうくみあいれんごうかい》からの支援《しえん》で、船外機《せんがいき》のついた小さな船が届《とど》きました。

震災後《しんさいご》、初《はじ》めて海に出て、漁場《ぎょじょう》を一周《しゅう》してみました。

海を埋《う》めつくしていたイカダが一台もありません。

海はからっぽです。

焼《や》けただれた鉄船《てっせん》が、あっちにもこっちにも無惨《むざん》な姿《すがた》をさらして座礁《ざしょう》しています。

海はどんより濁《にご》っていて、大量《たいりょう》の油《あぶら》が流《なが》れていました。

生《い》き物《もの》の気配《けはい》がまったく感《かん》じられないのです。

海が死《し》んだのではないか――と思ってしまいました。

ある学者《がくしゃ》の方が、黒く濁《にご》った海を指《さ》して、

「毒《どく》の水が流《なが》れている。」

と言ったのです。

毒《どく》の水では、カキも生きてゆけません。

「もう終《お》わりか――。」

わたしは全身《ぜんしん》から力が抜《ぬ》けてしまい、しばらく家にとじこもってしまいました。

食物連鎖《しょくもつれんさ》という言葉《ことば》があります。

食べるものがいなくなると、どんどん生《い》き物《もの》も姿《すがた》が消《き》えてゆくのです。

あれほどいっぱいいいたカモメが、めっきり少なくなっていました。

おじいちゃん、魚がいる

そんな中、希望《きぼう》は元気な孫《まご》たちです。

四月末《すえ》、海辺《うみべ》で遊《あそ》んでいた寛司《かんじ》と慎平《しんぺい》が、息《いき》せききって坂《さか》を上がってきました。

「おじいちゃん、魚がいる!」

というのです。

「なに！　本当か！」

ころびそうになりながら海辺《うみべ》にかけおりてみると、たしかに数匹《ひき》の小魚が水面《すいめん》を泳《およ》いでいます。

少し見えているということは、その何十倍《ばい》もいる、ということを、わたしは経験的《けいけんてき》に知っています。

〝毒《どく》の水〟なんかじゃないんだ。

水が澄《す》んでくれば、もっと魚が見えてくるはずだ！

でも、わたしがもっとも気がかりだったのは、カキのえさである植物《しょくぶつ》プランクトンがどうなっているか、ということでした。

それさえしっかりしていれば、だまっていても海の生《い》き物《もの》がふえてゆくことを知っているからです。

プランクトンを観察《かんさつ》するには、プランクトンネットや顕微鏡《けんびきょう》が必要《ひつよう》です。

でもみんな流《なが》されてしまっています。

たのみの水産《すいさん》試験場《しけんじょう》も流《なが》されて、跡形《あとかた》もありません。

真理《しんり》

五月のゴールデンウィークが過《す》ぎたころ、京都大学《きょうとだいがく》の田中《たなか》先生から連絡《れんらく》がありました。

「千年に一度《ど》といわれる大津波《おおつなみ》のあとの海がどう変遷《へんせん》していくかを調査《ちょうさ》する、ボランティアチームを立ちあげましたので、行きます。」

一日千秋の思いで、田中《たなか》先生一行を待《ま》ちました。

やがて、田中《たなか》先生たちが到着《とうちゃく》すると、

「まず植物《しょくぶつ》プランクトンを見てください。」

と、お願《ねが》いしたのです。

とってきた海水を顕微鏡《けんびきょう》で観察《かんさつ》されていた田中《たなか》先生が、おっしゃいました。

「畠山《はたけやま》さん、安心《あんしん》してください。」

そして、こう続《つづ》けたのです。

「カキが食いきれないほど植物《しょくぶつ》プランクトンがいます。」

カキが食いきれないほど……。

漁師《りょうし》の心に響《ひび》く名言です。

さらに、

「これは背景《はいけい》の森と川の環境《かんきょう》を整《ととの》えていたことが功《こう》を奏《そう》しています。」

と言われました。

「『森は海の恋人《こいびと》』とは、真理《しんり》ですね。」

カキが食いきれないほど植物《しょくぶつ》プランクトンがいる……わたしは何度《なんど》もくりかえしていました。

これで養殖業《ようしょくぎょう》は再開《さいかい》できる、と確信《かくしん》したのです。

希望《きぼう》の灯《あか》り

〝魚の心理学〟を研究《けんきゅう》している益田玲爾《ますだれいじ》先生も調査《ちょうさ》に参加《さんか》してくれました。

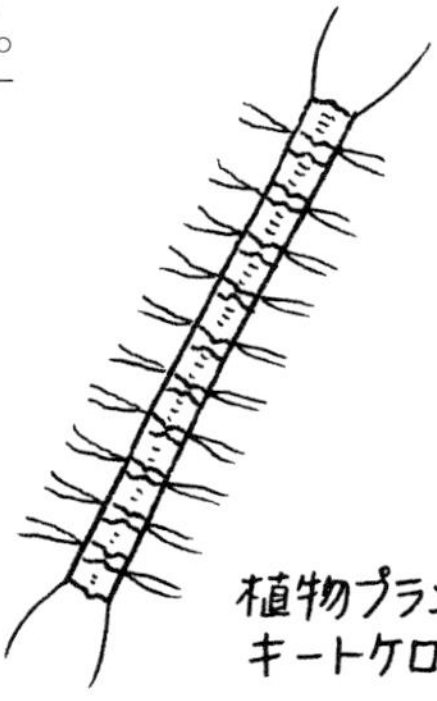

一年のうち百日は海にもぐっていて、魚の言葉《ことば》がわかるという先生です。

まだ大津波《おおつなみ》から二か月しかたっていない海にもぐるというのです。

気仙沼《けせんぬま》だけでも千人を超《こ》す人が亡《な》くなり、二百人以上《いじょう》が行方不明《ゆくえふめい》のままでした。

そのような海では、なにが待《ま》ちうけているかわかりません。

そう伝《つた》えたのですが、

「千年に一度《ど》のことですから。」

と、スルリともぐってしまったのです。

上がってくるまで心配《しんぱい》でたまりませんでした。

「海の中は、食物連鎖《しょくもつれんさ》がつながりはじめています。キヌバリの幼魚《ようぎょ》がいます。沈《しず》んでいるフォークリフトから、アイナメが出てきました。海底《かいてい》は一面《いちめん》ホタテだらけで、びっくりしました。」

と報告《ほうこく》を受《う》けました。

「あーあ、うちのホタテだ。」

息子《むすこ》たちはうめき声をあげました。

「海の底《そこ》で生《い》き残《のこ》っていたんだね。」

「海は死《し》んでいない。生きてる。」

「いがった、いがった（よかった、よかった）。」

と、息子《むすこ》たちと喜《よろこ》びをかみしめたのでした。

全国《ぜんこく》からボランティアの方々が次々《つぎつぎ》にやってきてくれ、がれきの山もかたづいていきました。

また、田中《たなか》先生が開設《かいせつ》してくれた口座《こうざ》には、数えきれない方々から募金《ぼきん》が寄《よ》せられて、本当にありがたいことでした。

チェンソーが得意《とくい》な方々もボランティアで来てくれました。

養殖《ようしょく》イカダの材料《ざいりょう》となるスギの長木《ながき》を伐《き》ってくれました。

まだ先ゆきの目途《めど》がたっていたわけではないけれ

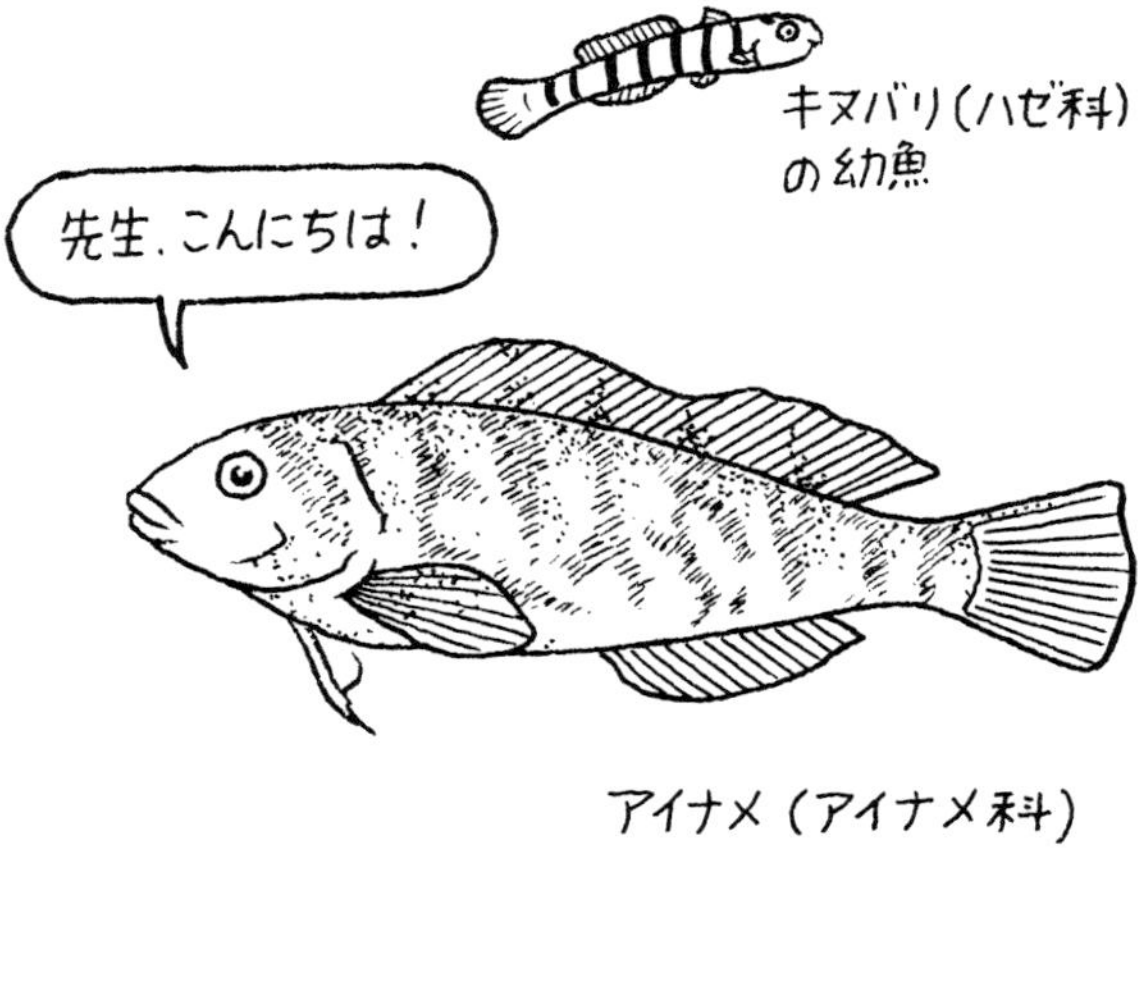
キヌバリ（ハゼ科）の幼魚
先生、こんにちは！
アイナメ（アイナメ科）

ど、養殖《ようしょく》イカダをつくることにしたのです。

伐《き》った木は、海辺《うみべ》まで人力で運《はこ》ぶのです。

一本運《はこ》ぶのに五人の力が必要《ひつよう》です。

京都大学《きょうとだいがく》が大型《おおがた》バスで学生ボランティアを送《おく》ってくれました。

「京都大学《きょうとだいがく》」のゼッケンをつけた学生諸君《しょくん》が木を運《はこ》んでいるのです。

イカダをつくるということは復活《ふっかつ》の象徴《しょうちょう》です。

浜《はま》に少しずつ、希望《きぼう》の灯《ひ》がともりはじめました。

お盆《ぼん》のころまでには、海底《かいてい》のがれきはほぼかたづき、海水の透明度《とうめいど》もあがってきたのです。

九月はじめ、ふたたび益田《ますだ》先生がやってきて、さっそく潜水調査《せんすいちょうさ》にとりかかりました。

しばらくもぐっていましたが、上がってきまし

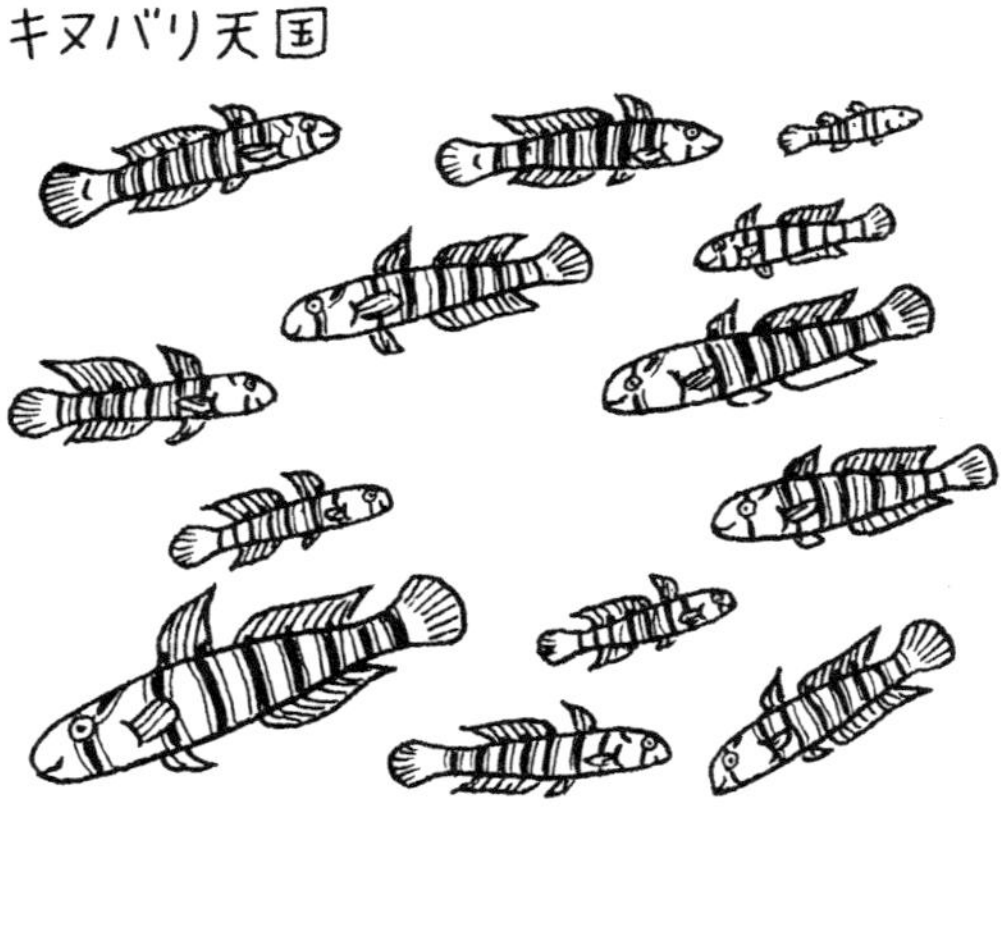

た。

「キヌバリがどんどんふえています。数えたら九百匹《ぴき》はいます。

どうしてキヌバリばかりがいるのか考えてみました。

それは、キヌバリを食べる外敵《がいてき》（大きな魚）がまだふえていないからですね。

つかのまのキヌバリ天国ですね。

みんなニコニコしていますよ。」

と話してくれました。

さすが、魚の心理学者《しんりがくしゃ》、魚が笑《わら》っているのか、泣《な》いているのか、わかるのですね。

海の中はバレエ劇場《げきじょう》

岸辺《きしべ》から海をのぞきこんでいた紘一《こういち》が、なにかさけんでいます。

「ナベカがいっぱいいる。」

というのです。紘一《こういち》は小魚の名前にくわしいのです。

山吹色《やまぶきいろ》のフリフリした尾《お》びれを優雅《ゆうが》にふるわせ、丸い目玉をクリックリッと動《うご》かしている、かわいい魚です。

わたしはこの魚が好《す》きで、子どものころ、潮《しお》が引くと磯《いそ》に出かけてゆき、手ぬぐいの両端《りょうはし》を持《も》ってトロール網《あみ》のようにふくらませ、浅瀬《あさせ》に引きよせてつかまえたものです。

津波《つなみ》でこわれたコンクリートの岸壁《がんぺき》が浅瀬《あさせ》に倒《たお》れて、磯《いそ》の小動物《しょうどうぶつ》たちの遊《あそ》び場《ば》になっていました。

ヤドカリや小さなカニたちがいっぱい遊《あそ》んでいます。白地にたてじまのシマカツカがやってきて、えさをつっついています。体にはっきりした横《よこ》じまが目立つエビたちがやってきて、両手《りょうて》のはさみを使《つか》ってなにかを食べています。ときどき長いひげのあいだから目玉を光らせ、こっちを見ています。目と目が合うのです。

シマカツカよりひとまわり大きな魚がやってきました。灰色《はいいろ》の肌《はだ》にくすんだ太いたてじまのドロボウカツカです。釣《つ》りをしていると、すばやくえさをぬすんでいくので、この名前がつけられました。姿《すがた》からもそんなイメージです。さっとあらわれ、さっと姿《すがた》をかくしてしまいます。

コンクリートの割《わ》れ目《め》から、フリフリした尾《お》びれが見えました。ほかの魚たちに比《くら》べて動《うご》きが優雅《ゆうが》なのです。英語《えいご》では、エレガント・フィッシュとよばれています。

ナベカの登場《とうじょう》です。ナベカは警戒心《けいかいしん》が強く、なかなかあらわれてくれません。でもここには、多くの生《い》き物《もの》が遊《あそ》んでいます。がまんしきれなくなったのでしょう。ヤドカリやカニなどのあいだを、バレリーナのようにスイスイ通りぬけているのです。次々《つぎつぎ》に何匹《びき》もやってきました。

こんなにナベカがいっぱいいるのを見たことがありません。

まるで海の中のバレエ劇場《げきじょう》のようです。

いつまで見ていても見飽《みあ》きません。

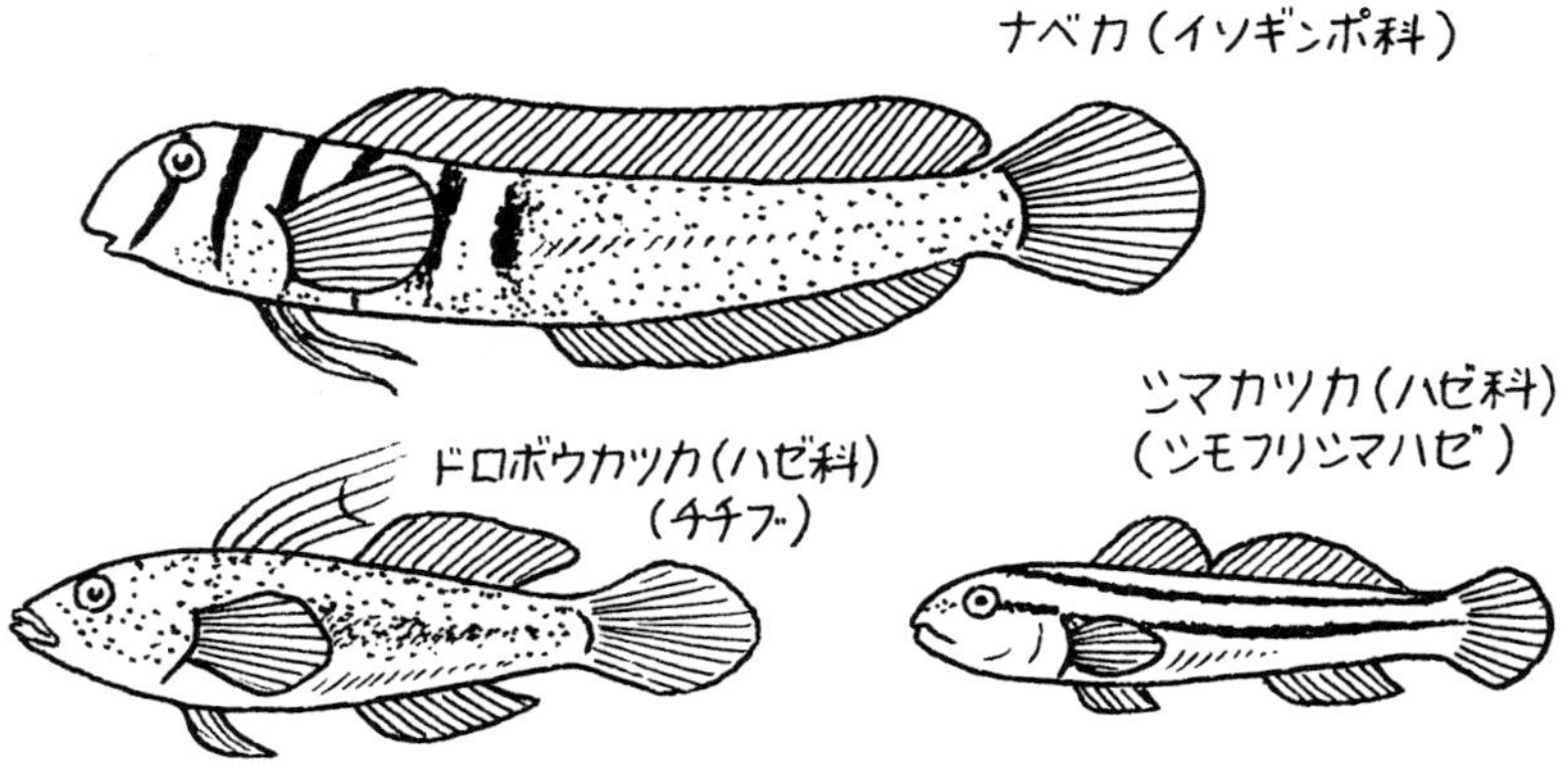

ナベカ（イソギンポ科）
ドロボウカツカ（ハゼ科）
（チチブ）
シマカツカ（ハゼ科）
（シモフリシマハゼ）

種《たね》はさみ

お盆《ぼん》が過《す》ぎると、海にイカダが浮《う》かびはじめました。

塩水《しおみず》をかぶった農地《のうち》は塩害《えんがい》でしばらく作物《さくもつ》を栽培《さいばい》することはできませんが、カキは海（塩水《しおみず》）で育《そだ》つ生物《せいぶつ》ですから、塩害《えんがい》はありません。海さえきれいになれば、養殖《ようしょく》は再開《さいかい》できるのです。

からっぽになった海に、次々《つぎつぎ》イカダが浮《う》かび、元の風景《ふうけい》がもどってきたのです。

陸側《りくがわ》は、まだまだあちこちにがれきの山が残《のこ》っていて、復興《ふっこう》はいつのことだろうとため息《いき》が出るのですが、整然《せいぜん》とイカダがならびだすと、風景《ふうけい》が一変《いっぺん》しました。

海辺《うみべ》で暮《く》らす人々にとって、それは希望《きぼう》の風景《ふうけい》です。

でもイカダを浮《う》かべても、カキの養殖《ようしょく》をするには、カキの種《たね》（カキの種苗《しゅびょう》）が必要《ひつよう》です。

はたして種苗《しゅびょう》はどこかに残《のこ》っているのだろうか……と心配《しんぱい》しているところに、石巻《いしのまき》の万石浦《まんごくうら》の種《たね》ガキ屋《や》さん、末永《すえなが》さんから連絡《れんらく》がありました。末永《すえなが》さんとは、わが水山養殖場《みずやまようしょくじょう》の創業《そうぎょう》（昭和《しょうわ》二十二年）以来《いらい》、親子三代《だい》にわたるつきあいで、六十年以上《いじょう》もカキの種《たね》の供給《きょうきゅう》を受《う》けています。

「昨年《さくねん》とったカキの種《たね》が、津波《つなみ》に流《なが》されないで湾《わん》の奥《おく》のほうに残《のこ》っています！」

というのです。

万石浦《まんごくうら》は入り口がせまく、奥《おく》ゆきのある内海ですから、津波《つなみ》が一気に入りこまない地形なのです。末永《すえなが》さんのいる、万石浦《まんごくうら》に面《めん》した渡波地区《わたのはちく》は、床上浸水《ゆかうえしんすい》した家は多かったのですが、流《なが》された家はほとんどなかったそうです。

末永《すえなが》さんのところから、トラックに積《つ》まれて次々《つぎつぎ》とカキの種《たね》が届《とど》きはじめ、浜《はま》は急《きゅう》にいそがしくなってきました。

そのころには小学校《しょうがっこう》の校庭《こうてい》に仮設住宅《かせつじゅうたく》が建《た》ち、被災《ひさい》した方々はそこに移《うつ》り住《す》んでいました。でもまだ職場《しょくば》は復活《ふっかつ》していません。手持《ても》ちぶさたの生活が続《つづ》いていました。

カキ養殖業《ようしょくぎょう》の同業者《どうぎょうしゃ》もそれぞれ事情《じじょう》がちがっていました。わが家は船、加工場《かこうじょう》、トラック、フォークリフトなど商売《しょうばい》にかかわるものはすべて失《うしな》いました。反対《はんたい》に、船の脱出《だっしゅつ》には成功《せいこう》したけれど、家族《かぞく》も家も失《うしな》った人もいます。あまりにも被害《ひがい》が大きく、再出発《さいしゅっぱつ》をあきらめようとする仲《なか》間《ま》も出はじめたのです。

ひとりひとりでは復興《ふっこう》は困難《こんなん》でした。

そこで、うちの長男・哲《てつ》が中心となり、しばらく協業《きょうぎょう》のかたちで、この難局《なんきょく》を乗《の》りきろう、という相談《そうだん》がまとまったのです。

気の合う十人ほどの仲間《なかま》が集《あつ》まり、養殖業《ようしょくぎょう》が再開《さいかい》しました。

仕事《しごと》が始《はじ》まると、人手が必要《ひつよう》です。そこで、仮設住宅《かせつじゅうたく》に住《す》んでいる人たちに、「仕事《しごと》を手伝《てつだ》ってくれませんか。」と声をかけてみたのです。すると、働《はたら》きたいという人が二十人以上《いじょう》も来てくれました。

カキの種《たね》をロープにはさむ〝種《たね》はさみ〟が始《はじ》まりました。

みんなニコニコ顔で仕事《しごと》をしています。

仮設住宅《かせつじゅうたく》は海から離《はな》れていました。潮風《しおかぜ》を浴《あ》びて仕事《しごと》をするのは、なんとも快感《かいかん》だというのです。「せまい仮設《かせつ》でかあちゃんの顔ばかり見ていると、息《いき》がつまりそうだ。」と、だんなさんが言うと、「なに言ってんの、それはこっち

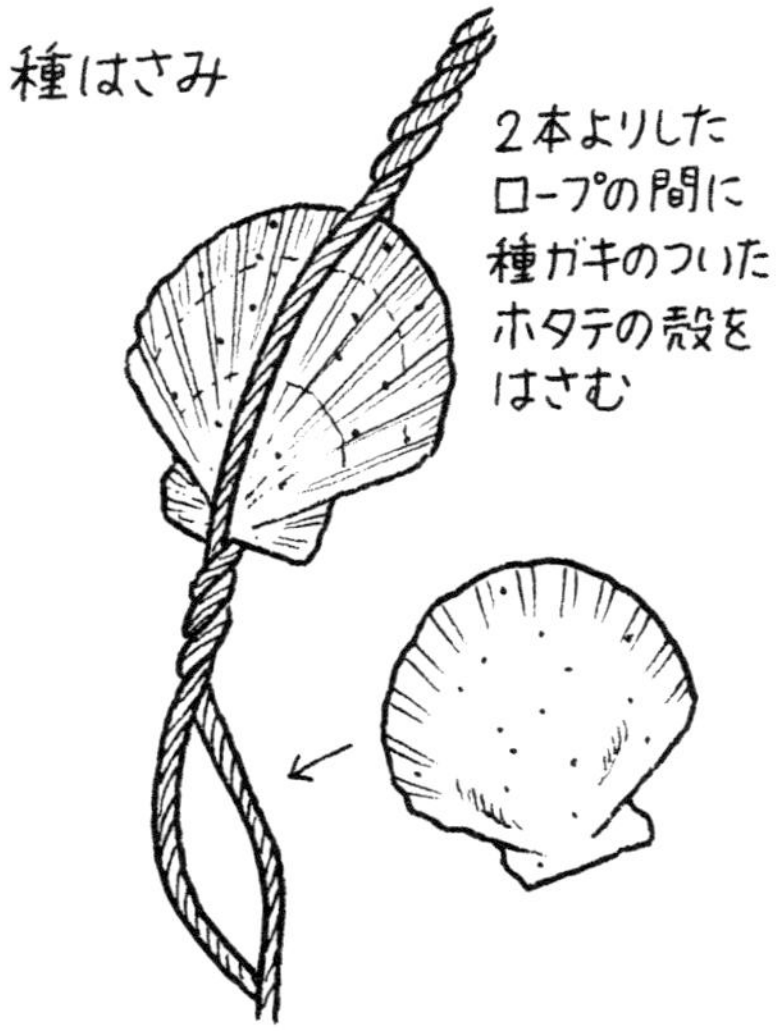

種はさみ
2本よりした
ロープの間に
種ガキのついた
ホタテの殻を
はさむ

のセリフですよ。」と、奥《おく》さんがやり返《かえ》します。

あちこちで笑《わら》い声《ごえ》があがり、海辺《うみべ》に明るさがもどってきました。

「朝七時から仕事《しごと》です。」と伝《つた》えますと、もう六時には来て段《だん》どりをしています。むかしから「段《だん》どり八分」といって、準備《じゅんび》が整《ととの》っていれば仕事《しごと》ははかどります。

イカダには次々《つぎつぎ》、カキ種《だね》が下げられてゆきました。十日くらいして引きあげてみると、貝のはじっこのほうが白く伸《の》びていました。目に見えて、カキが大きくなっているのです。

「田中《たなか》先生が、『カキが食いきれないほどプランクトンがいる。』とおっしゃっていたのは本当だったねえ。」

と、みんなで語りあいました。

やってみっペー

しばらくして、万石浦《まんごくうら》の末永《すえなが》さんから、また朗報《ろうほう》がありました。新しいカキの種《たね》がとれたというのです。新しい種《たね》があるということは、仕事《しごと》を継続《けいぞく》できることを意味《いみ》しています。とてもたいせつなことです。

カキは水温《すいおん》の高い真夏《まなつ》に産卵《さんらん》します。メス一個《こ》は、一億《おく》の卵《たまご》を産《う》みます。オス一個《こ》は十億《おく》の精《せい》子《し》を放精《ほうせい》します。受精《じゅせい》した卵《たまご》は三週間ぐらいで三百ミクロンほどのカキの赤ちゃんに成長《せいちょう》し、物《もの》にくっつく性質《せいしつ》があります。

このとき、種《たね》ガキ屋《や》さんは、ホタテの殻《から》に穴《あな》をあけて針金《はりがね》を通してつくったコレクターを海につり下げるのです。一枚《まい》のホタテの殻《から》に、カキの赤ちゃんが五十個《こ》ほど付着《ふちゃく》します。ホタテの殻《から》はカルシウムですので、カキは好《す》きなのですね。

末永《すえなが》さんは、

「じつは水産《すいさん》の学者《がくしゃ》の人たちは、『今年は母貝《ぼがい》（卵《たまご》を産《う》むカキ）が流《なが》されてしまったのでカキの種《たね》はとれない。』と言ってたのっさー。でも、『海底《かいてい》に落《お》ちたカキがいっぱいあって、生きているはずだ。やってみっぺー。』と仲間《なかま》で話しあってコレクターを入れてみたら、とれたのっさー。」

と言いました。

でも、ホタテの殻《から》に付着《ふちゃく》しただけでは、まだ養殖《ようしょく》に使《つか》えるカキ種《だね》にはなりません。

「干出《かんしゅつ》をかける」といって、カキ種《だね》が付着《ふちゃく》したコレクターは、抑制棚《よくせいだな》に三か月ほどならべておく必要《ひつよう》があるのです。抑制棚《よくせいだな》は、干潟《ひがた》につくったブドウ棚《だな》のようなものです。その上にコレクターを寝《ね》かせておき、干潮《かんちょう》になったら水面《すいめん》に出て、満潮《まんちょう》になったら海につかるようにします。

こうすると、弱い種《たね》は死《し》んでしまい、強い種《たね》だけ残《のこ》ります。また、殻《から》にしっかり付着《ふちゃく》するので、脱落《だつらく》しにくくなります。さらに、陸《りく》にあげても二週間は生きて、輸送《ゆそう》にも耐《た》えられるようになるのです。この技術《ぎじゅつ》は、カ

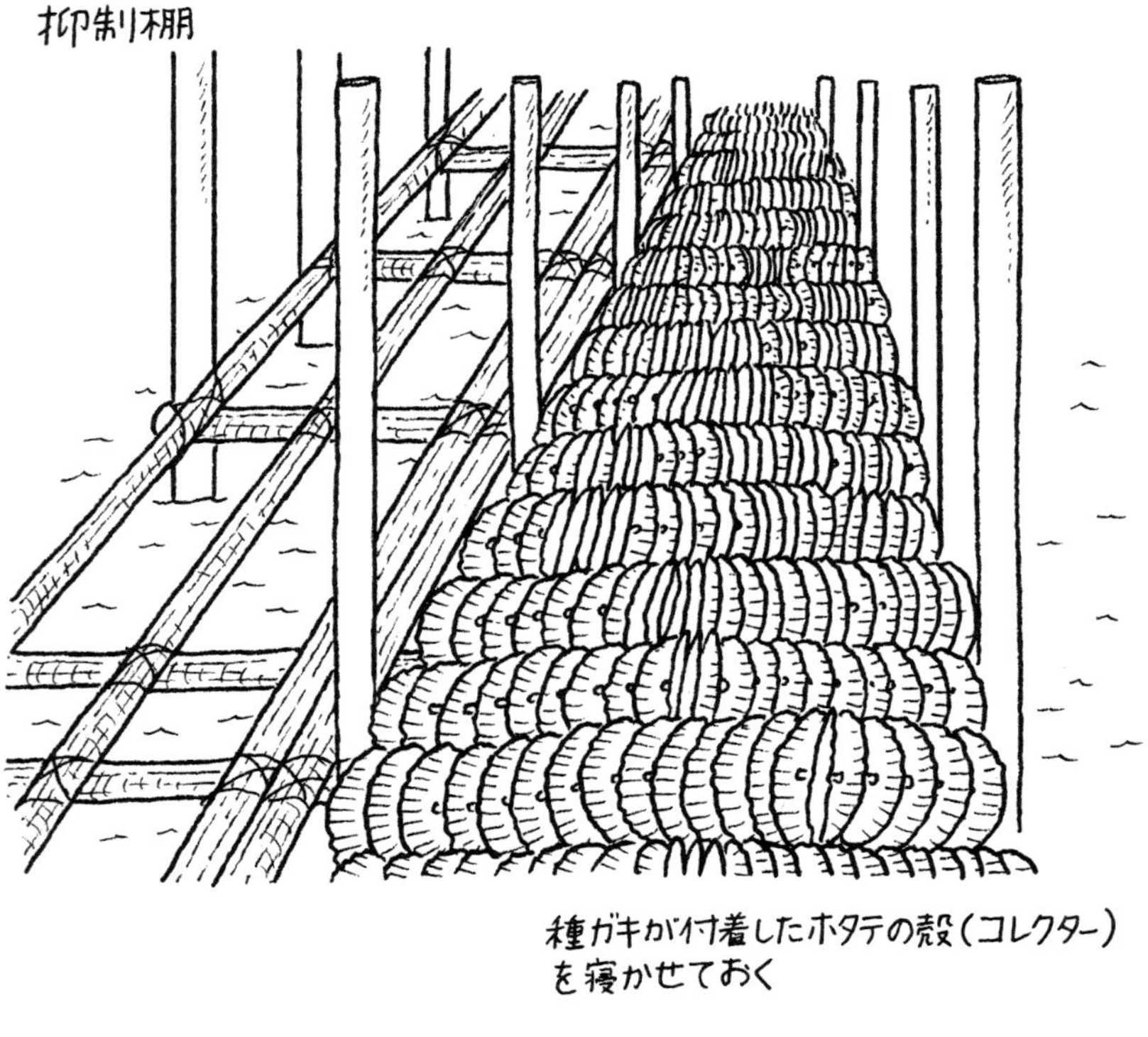
抑制棚
種ガキが付着したホタテの殻（コレクター）を寝かせておく

キ養殖《ようしょく》の父・宮城新昌《みやぎしんしょう》が開発《かいはつ》しました。

広い干潟《ひがた》がひろがる万石浦《まんごくうら》がなければ、良質《りょうしつ》のカキ種《だね》を生産《せいさん》することはできないのです。

でも、東日本大震災《ひがしにほんだいしんさい》により、大問題《だいもんだい》が起《お》こりました。地盤《じばん》が一メートル弱も下がってしまいました。海が深《ふか》くなったのです。抑制棚《よくせいだな》も地盤《じばん》ごと下がって、干潮《かんちょう》になっても水面下《すいめんか》につかったままです。一メートル高い水位《すいい》になるよう、新しくつくり替《か》える必要《ひつよう》に迫《せま》られたのです。

抑制棚《よくせいだな》は、干潟《ひがた》に木の杭《くい》をうち、その上に棚《たな》をつくります。万石浦周辺《まんごくうらしゅうへん》には、そのための杭《くい》をつくる業者《ぎょうしゃ》がいるのですが、これまでよりも一メートルも長い杭《くい》は、そうかんたんにはつくれません。

もちろん、杭《くい》をつくる資材《しざい》を買う資金《しきん》も必要《ひつよう》です。でも、政府《せいふ》からの援助資金《えんじょしきん》はそんなに早く出してもらえません。

このままでは、せっかく生まれたカキの赤ちゃんをだめにしてしまいます。

みんな頭をかかえていました。

フランスの恩返《おんがえ》し

そんなとき、日本を代表《だいひょう》するフランス料理《りょうり》のシェフである中村勝宏《なかむらかつひろ》さんから連絡《れんらく》があったのです。

「フランスの料理人《りょうりにん》組合が、被災《ひさい》したカキ種《だね》の生産者《せいさんしゃ》を救済《きゅうさい》する募金《ぼきん》のためのパーティをパリで開催《かいさい》してくれることになりました。組合長アラン・デュカス氏《し》の声がけです。ついては、生《せい》産者代表《さんしゃだいひょう》でパリまで同行してくれませんか。」

というのです。

「いったいなぜ?」とびっくりしましたが、わたしには思いあたるふしがありました。

今から五十年ほど前、フランスのカキが、ウイルス性《せい》の病気《びょうき》のため全滅《ぜんめつ》しかけたことがありま

した。そのとき、東北大学《とうほくだいがく》の今井丈夫《いまいたけお》先生の仲《なか》だちで、万石浦《まんごくうら》のカキ種《だね》がフランスにわたったのです。宮城県《みやぎけん》でとれるので「ミヤギ種《だね》」とよばれています。ミヤギ種《だね》はフランスの海でみごとに成長《せいちょう》し、フランスの漁民《ぎょみん》と料理《りょうり》に従事《じゅうじ》する人々を救《すく》ったのです。

そのことをフランスの人たちは忘《わす》れていませんでした。

そうして、そのパーティで集《あつ》めていただいたお金をわたしがあずかってきて、末永《すえなが》さんをはじめ、カキ種《だね》の生産者《せいさんしゃ》の方々にわたすことができたのです。

そのお金は、ただちに抑制棚《よくせいだな》の杭《くい》を買うのにあてられました。長い木の杭《くい》が間に合わなかったので、鉄管《てっかん》を買いました。鉄管《てっかん》は値段《ねだん》が高いのですが、急《いそ》がなければせっかくとれたカキ種《だね》をむだにしてしまいます。おかげでりっぱな棚《たな》ができ、よいカキ種《だね》がとれました。津波《つなみ》を生《い》き延《の》びた母貝《ぼがい》が産《う》んでくれた種《たね》を、ぶじに育《そだ》てることができたのです。

五十年も前の絆《きずな》を忘《わす》れずに、フランスの方々が速《すみ》やかに援助《えんじょ》をしてくれたことに心から感謝《かんしゃ》しました。

養殖業《ようしょくぎょう》は農業《のうぎょう》と同じで、種苗《しゅびょう》がなければそれからの一年の収穫《しゅうかく》はなく、収入《しゅうにゅう》もなくなります。これで、わたしたち養殖業者《ようしょくぎょうしゃ》は来年も仕事《しごと》を続《つづ》けられるのです。

青春のホタテ

舞根湾《もうねわん》の沖合《おきあい》のほうはホタテの漁場《ぎょじょう》です。そこにもイカダが浮《う》かびはじめました。

十一月、例年《れいねん》どおり北海道《ほっかいどう》からホタテの稚《ち》貝《がい》が到着《とうちゃく》しました。

〝耳づり〟といって、ホタテの耳にドリルで穴《あな》をあけ、テグスを通してロープに結《むす》びつける作業《さぎょう》をします。手作業《てさぎょう》なので人手が必要《ひつよう》なのですが、やる気満々《まんまん》の人たちが待《ま》ちかまえていました。新しいイカダに、耳づりをしたホタテの種《たね》が次々《つぎつぎ》とつり下げられてゆき、十二月までに作業《さぎょう》を終《お》えることができました。

わたしは、じつは、ホタテじいさんでもあるのです。

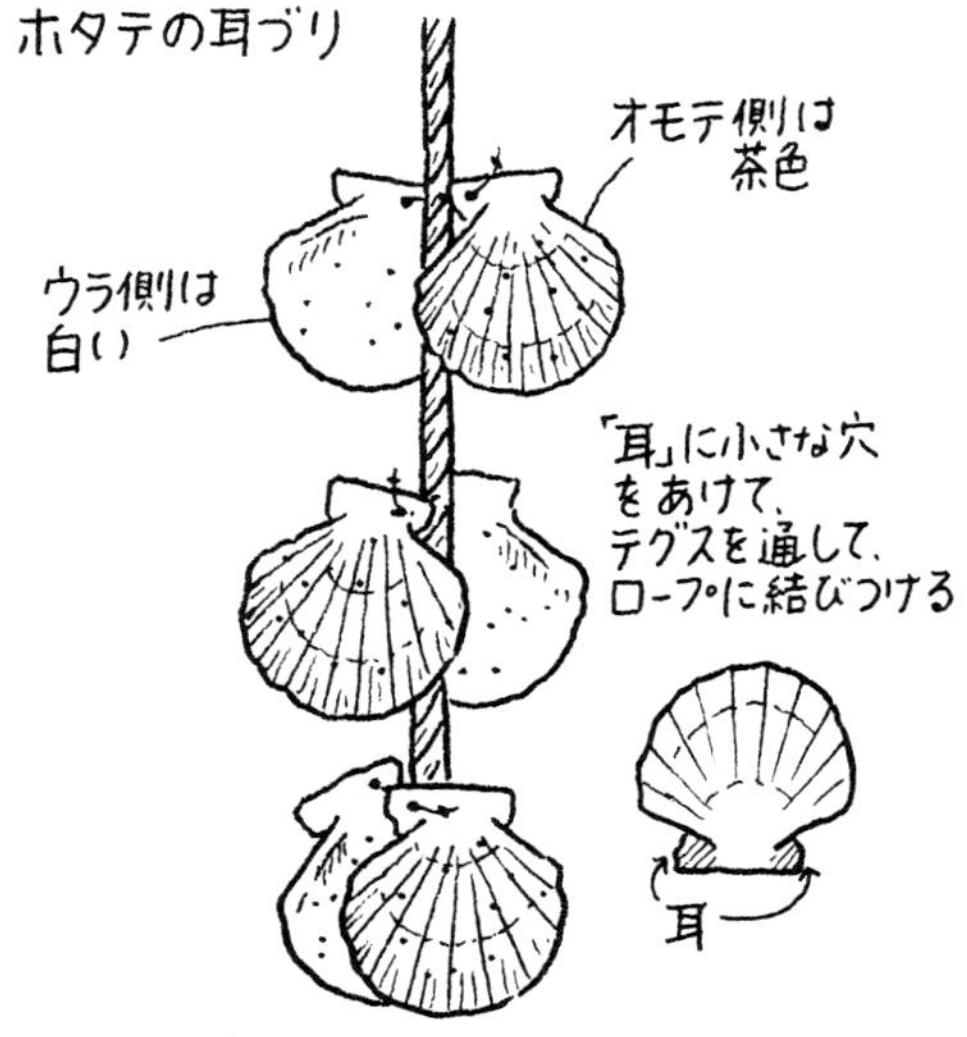

ホタテは寒《さむ》い海の貝であるのはわかりますよね。北海道《ほっかいどう》とか青森《あおもり》が本場です。むかしは三陸《さんりく》にホタテはありませんでした。

高校生の夏休み、北海道《ほっかいどう》のオホーツク海を旅《たび》していたわたしは、生まれて初《はじ》めてホタテの刺身《さしみ》を食べたのです。この世《よ》にこんなおいしいものがあるのかと、思いました。ホタテの旬《しゅん》が夏であることも知りました。そのときから、この貝を三陸《さんりく》で養殖《ようしょく》できないかと考えていたのです。

カキは秋から冬にかけて水あげします。ですから寒《さむ》い季節《きせつ》は収入《しゅうにゅう》があるのですが、春から夏には収入《しゅうにゅう》がなくなるのです。「〝夏金《なつがね》〟があればなあ。」――これはカキ養殖業者《ようしょくぎょうしゃ》のため息《いき》でした。もしホタテを養殖《ようしょく》できれば、夏金《なつがね》につながります。

高校を卒業《そつぎょう》して、父とともに家業《かぎょう》に就《つ》いた十九歳《さい》のとき、わたしは北海道《ほっかいどう》にわたりホタテの稚《ち》貝《がい》をゆずり受《う》けると、三陸《さんりく》のわが家の漁場《ぎょじょう》まで運《はこ》び、養殖《ようしょく》できるかどうか試験《しけん》を始《はじ》めました。

何度《なんど》も失敗《しっぱい》が続《つづ》き、くじけかけましたが、とうとう生きて運《はこ》ぶことに成功《せいこう》しました。

そして、北海道《ほっかいどう》、青森《あおもり》より水温《すいおん》の上がる三陸《さんりく》の海で夏を越《こ》すことができることをたしかめたのです。宮城県《みやぎけん》の牡鹿半島《おしかはんとう》がホタテの育《そだ》つ南限《なんげん》であることもわかりました。ホタテ養殖《ようしょく》の成功《せいこう》は夏《なつ》金《がね》を得《え》ることにつながり、生活が安定《あんてい》したのです。

イカダが沈《しず》む！

平成《へいせい》二十四年（二〇一二）が明けました。

身内《みうち》に不幸《ふこう》があった年は、お正月の松飾《まつかざ》りはしない風習《ふうしゅう》があります。それでも、一家でお餅《もち》を食べ、孫《まご》たちに少しですがお年玉はあげました。

三が日が過《す》ぎ、イカダを見回りに行った長男・哲《てつ》が、

「おやじ、イカダが沈《しず》みそうだ。」

というのです。

カキが育《そだ》っているな、とわたしは直感《ちょっかん》しました。

「少しカキをとってこい。」

と言いました。

殻《から》はそれほど大きくありませんが、ナイフでむいてみると、びっくりです。

身《み》がピンポン玉のようにふっくらと太っているのです。食べてみると、甘《あま》みがあっておいしい

のです。

〝カキが食いきれないほど植物《しょくぶつ》プランクトンがいます。〟と言った田中《たなか》先生の言葉《ことば》は本当だったのです。

東京の築地市場《つきじしじょう》に電話してみると、

「今年は三陸《さんりく》のカキがまったくないのでカキが足りなくて困《こま》っています。すぐ出荷《しゅっか》してください。」

と、矢のさいそくです。

急《いそ》いで仮設《かせつ》のカキむき場を建《た》て、カキむきが始《はじ》まったのです。

出荷《しゅっか》より先に、舞根地区《もうねちく》の仮設住宅全戸《かせつじゅうたくぜんこ》に、少しずつですがカキのむき身《み》を届《とど》けました。

「えっ、もうカキができたのですか。いがった、いがった。」

と、涙《なみだ》を流《なが》して喜《よろこ》んでくれました。

こうして三月いっぱいカキむきをしたのです。思っていたより価格《かかく》が高く、ひと息《いき》ついたのです。

四月になると、また哲《てっ》が言いました。

「おやじ、ホタテのイカダが沈《しず》みそうだ。」

昨年《さくねん》十一月に入れたホタテのイカダです。十一月に入れたホタテは、通常《つうじょう》、秋口から冬にかけて水あげするのですが、半年以上《いじょう》早く、みごとに育《そだ》っているのです。

四月になって暖《あたた》かくなり、働《はたら》きやすくなっています。男たちは朝四時には海に出て、ホタテの水あげです。

こうしてお盆《ぼん》までに、十一月に仕入《しい》れた六十万個《こ》のホタテが水あげされたのです。それは、今年はあきらめていた夏金《なつがね》そのものです。

お墓参《はかまい》りに行き、亡《な》き母に、

「なんとかなりそうだから。」

と、報告《ほうこく》しました。

カキじいさんになったり、ホタテじいさんになったり、いそがしい日々が続《つづ》きました。

第《だい》5章《しょう》　あずさ丸

奇跡《きせき》の木造船《もくぞうせん》

３・11の大津波《おおつなみ》は、あらゆるものを海に引きずりこみ、海底《かいてい》に沈《しず》めてしまいました。

大津波《おおつなみ》は、海から二十五メートルの高さまで到達《とうたつ》していました。

そのぎりぎりの山中にそびえている大きな栗《くり》の木に船が引っかかっていたのです。孫《まご》の紘一《こういち》が、櫓《ろ》こぎの練習《れんしゅう》に使《つか》っていた木造《もくぞう》船「あずさ丸」です。

ところどころに穴《あな》があいたり、割《わ》れも入っています。でも、木造《もくぞう》なので浮《う》いていたのです。

養殖《ようしょく》の仕事《しごと》に使《つか》っていた船は一隻《せき》も残《のこ》っていません。ぜんぶ、プラスチック船でした。プラスチックは重《おも》いので浮《う》きません。穴《あな》があいたり割《わ》れたりすると沈《しず》んでしまうのです。

このあずさ丸をつくった船大工の棟梁《とうりょう》、岩淵文雄《いわぶちふみお》さんとの長いつきあいのことを思い出していました。

そして仲間《なかま》の力をかり、山から海辺《うみべ》まで、あずさ丸を運《はこ》び出《だ》しました。復興《ふっこう》のシンボルとして修理《しゅうり》して、海に浮《う》かべようと考えたのです。

父がつくった養殖場《ようしょくじょう》

わたしは、物心《ものごころ》ついたころには木造船《もくぞうせん》に乗《の》っていました。

太平洋戦争《たいへいようせんそう》から命《いのち》からがら帰ってきた父が始《はじ》めた仕事《しごと》が、カキの養殖《ようしょく》です。当時、東洋一《とうよういち》といわれた大都会《だいとかい》、中国の上海《シャンハイ》でサラリーマン生活をしていた父にとって、思いもよらなかったことだったでしょう。

父は、気仙沼中学《けせんぬまちゅうがく》（現《げん》・気仙沼高校《けせんぬまこうこう》）時代《じだい》は、野球《やきゅう》やサッカーの花形選手《せんしゅ》で運動神経抜群《うんどうしんけいばつぐん》だったそうです。でもどういうわけか水泳《すいえい》は苦手《にがて》でした。泳《およ》げない人が漁師《りょうし》になるんですから、たいへんですよね。でも家族《かぞく》を養《やしな》うため、決断《けつだん》したのです。

そして、水山養殖場《みずやまようしょくじょう》を創業《そうぎょう》したのは昭和《しょうわ》二十二年（一九四七）です。わたしは四歳《さい》でした。そのころの沿岸《えんがん》の船にはエンジンがついていませんでしたから、木造《もくぞう》の和船《わせん》をこいで海に出るのです。

船に乗《の》せてもらうと、「こっちに来て櫓《ろ》にさわれ。」と言われました。父が前後に動《うご》かしている櫓《ろ》にさわらせ、リズム感《かん》を伝《つた》えようとしているのです。早く幼《おさな》い息子《むすこ》が大きくなって親子で海に出ることを、夢見《ゆめみ》ていたのでしょう。

岩淵《いわぶち》さんの造船場《ぞうせんば》にもつれていってもらいました。

海には、船底《ふなぞこ》に穴《あな》をあけるフナクイムシがいるので、木造船《もくぞうせん》は年に二回引きあげて乾《かわ》かし、これを退治《たいじ》する必要《ひつよう》があります。船底《ふなぞこ》に貝や海藻《かいそう》が付《つ》かないように、毒茶《どくちゃ》というペンキもぬらなければなりません。

船の手入れや修理《しゅうり》も、船大工さんがたよりなのです。

海辺《うみべ》の男の子は、小学校に入るころには櫓《ろ》をこげるようになっていました。

ダンベガッコとよばれる、ノリ養殖《ようしょく》に使《つか》う小さな木造船《もくぞうせん》を自由自在《じゆうじざい》にこいで、カキ養殖《ようしょく》イカダに行って、そこに集《あつ》まっているメバルを釣《つ》っていたのです。

岩淵《いわぶち》さんがもっともいそがしかったのは、昭和《しょうわ》四十年（一九六五）ごろで、ノリの養殖《ようしょく》がもっともさかんだった時期《じき》です。岩淵《いわぶち》さんのつくる木造船《もくぞうせん》は、エンジンがとりつけられるようになっても、船のかたちがスマートで、船足が速《はや》く（スピードが出て）、しかも丈夫《じょうぶ》なので、気仙沼《けせんぬま》だけでなく、遠く福島《ふくしま》のほうからも注文《ちゅうもん》が来るようになっていたのです。

しかし、その後、プラスチックの船が出現《しゅつげん》すると、だんだん木造船《もくぞうせん》の注文《ちゅうもん》が少なくなり、船の手入れや修理《しゅうり》が主《おも》な仕事《しごと》になってきていました。

命《いのち》をあずけるもの

平成《へいせい》八年（一九九六）、宮城県《みやぎけん》内の岩沼市《いわぬまし》に大きな工場がある、東洋《とうよう》ゴム工業株式会社《こうぎょうかぶしきがいしゃ》というタイヤメーカーから、「森は海の恋人《こいびと》」の活動《かつどう》に対《たい》して支援《しえん》したいというお話がありました。会社の記念事業《きねんじぎょう》として、環境活動《かんきょうかつどう》をしている団体《だんたい》を助成《じょせい》することになり、その第《だい》一候補《こうほ》に選《えら》んでくれたというのです。

会社の環境部《かんきょうぶ》の方が来られ、

「活動《かつどう》に必要《ひつよう》なものはありませんか？」

と言われました。

「森は海の恋人《こいびと》」の運動《うんどう》二年目（平成《へいせい》二年）から始《はじ》めた「体験学習《たいけんがくしゅう》」はたちまち評判《ひょうばん》になり、多くの学校から問《と》いあわせが寄《よ》せられました。そのとき困《こま》ったのは、子どもたちを海へつれていく船がなかったことです。うちの船だけでは足りず、仲間《なかま》の養殖《ようしょく》の作業船《さぎょうせん》を借《か》りていたのですが、仕事《しごと》で使《つか》う日と重《かさ》なると借《か》りられません。

また、櫓《ろ》でこぐ木造船《もくぞうせん》が少なくなり、海辺《うみべ》で暮《く》らしている子どもたちが、櫓《ろ》こぎをする機会《きかい》がほとんどなくなってきていました。

「海の文化《ぶんか》が伝《つた》わらなくなるね。」と、岩淵《いわぶち》さんと語りあっていたのです。

そこで、東洋《とうよう》ゴム工業《こうぎょう》の方に、櫓《ろ》でこぐ本格的《ほんかくてき》な和船《わせん》を建造《けんぞう》する案《あん》を話してみました。

さらに、

「小学校の一クラスは四十人です。一艘《そう》に乗《の》せられる子どもの数は、大型《おおがた》の船でも二十人ほどですから、二艘《そう》分お願《ねが》いしたいのです。

これだけの大きさの木造船《もくぞうせん》になると、船を動《うご》かすための櫓《ろ》は四丁必要《ちょうひつよう》です。櫓《ろ》をつくる材料《ざいりょう》の木は、〝あずさ〟という、い、い、しなりがある丈夫《じょうぶ》な木です。櫓《ろ》は漁師《りょうし》の命《いのち》をあずける木です。船の名前は〝あずさ丸〟にしたいと思います。

東洋《とうよう》タイヤには、かたいクルミの殻《から》を混《ま》ぜてつくられたスリップを防《ふせ》ぐタイヤがありますね。船の四丁櫓《ちょうろ》と車の四本のタイヤ――どちらも命《いのち》をあずけるという意《い》味《み》がありますね。」

と、いっしょうけんめい説明《せつめい》しました。

しばらくして、環境部《かんきょうぶ》の方がまた来られ、

「あずさ丸二艘《そう》分の助成《じょせい》をさせていただきます。」

と言われたのです。そして帰りぎわ、「畠山《はたけやま》さん、ちょっと。」と、こっそりよばれました。

「じつは助成《じょせい》は一艘《そう》という予定《よてい》でしたが、〝櫓《ろ》とタイヤは、同じ命《いのち》をあずけるもの〟というひとことがききました。それをきいて上司《じょうし》が、二艘助成《そうじょせい》しなさい、と言ってくれたのです。」

と、片目《かため》をつぶりました。

さっそく、二艘《そう》のあずさ丸のことを岩淵《いわぶち》さんに相談《そうだん》すると、

「わたしの五百五隻《せき》目と五百六隻《せき》目になるね。本格的《ほんかくてき》な和船《わせん》をつくれるのはうれしいね。」

と、喜《よろこ》んでくれました。

大型《おおがた》の本格的《ほんかくてき》な木造船《もくぞうせん》をつくるのは、体力的《たいりょくてき》にもこれが最後《さいご》になるかもしれない、という思いからでしょうか、岩淵《いわぶち》さんは興奮《こうふん》して、眠《ねむ》れない夜が続《つづ》いたそうです。

海に浮《う》かぶ森

木造船《もくぞうせん》は、すみからすみまで、ぜんぶ木でできています。スギ、ヒノキ、ケヤキ、マツなどです。

木造船《もくぞうせん》は海に浮《う》かぶ森です。

中でももっともたいせつな木はスギです。

船大工・岩淵棟梁《いわぶちとうりょう》の頭の中には、唐桑町周辺《からくわちょうしゅうへん》のどこの山に、船をつくるのに適《てき》した木があるかインプットされていました。

その木は青《あお》ノ沢《さわ》とよばれるところに生えていました。風あたりが弱く、きれいな小川が流《なが》れる沢《さわ》は、むかしからスギの成育《せいいく》に適《てき》した地として知られています。

船材《ふなざい》用のスギは、年輪《ねんりん》が左右同じように円く育《そだ》っていることがだいじです。風あたりが強いところの木は、ねじれていたり、中に割《わ》れが入っていたりして、水もれの原因《げんいん》になるのだそうです。

それから、こんどの船は、カキシブをぬって仕上《しあ》げるむかしながらの和船《わせん》なので、木の肌《はだ》の色も、皮《かわ》の上から見抜《みぬ》

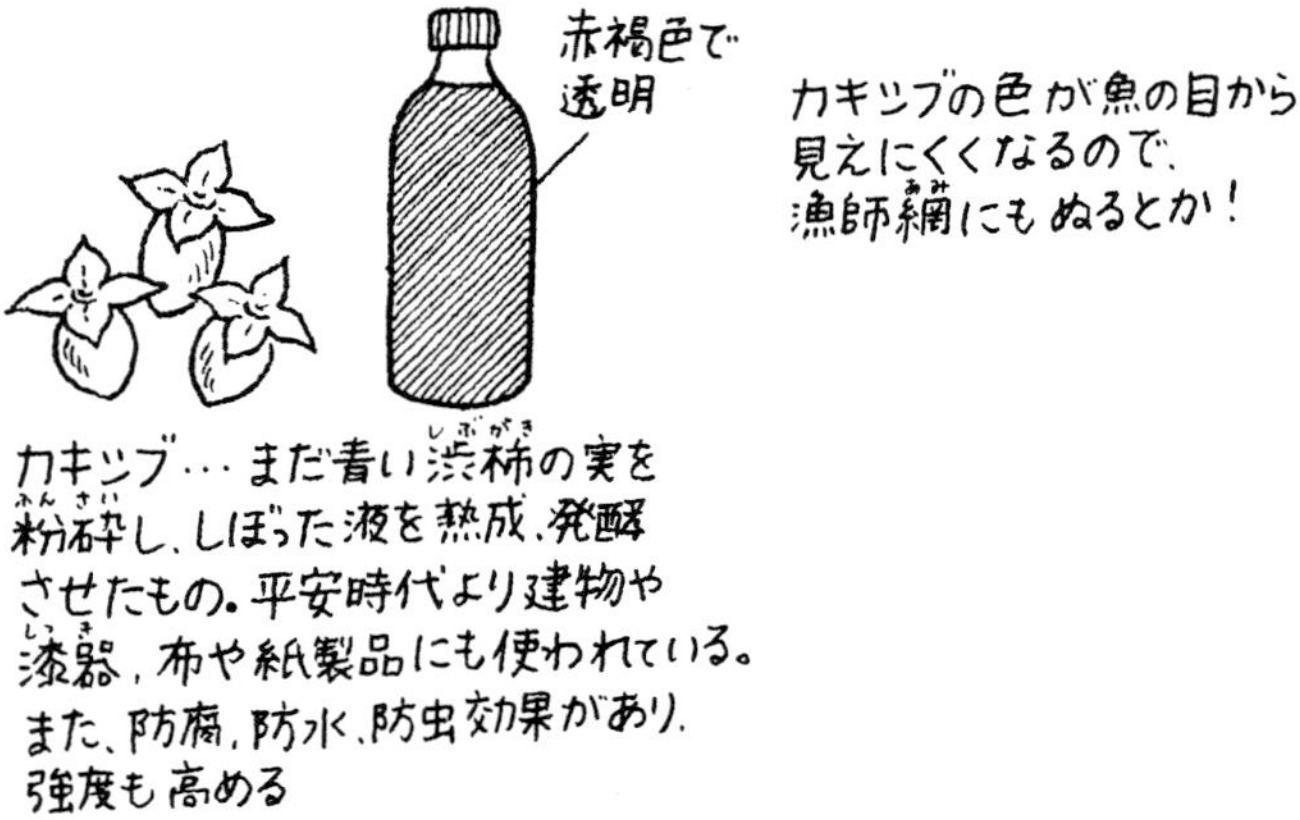

赤褐色で透明
カキシブの色が魚の目から見えにくくなるので、漁師網《あみ》にもぬるとか！
カキシブ…まだ青い渋柿《しぶがき》の実を粉砕《ふんさい》し、しぼった液を熟成、発酵させたもの。平安時代より建物や漆器《しっき》、布や紙製品にも使われている。また、防腐、防水、防虫効果があり、強度も高める

かなければなりません。

岩淵《いわぶち》さんは、これは、と思った木を六本選《えら》び出《だ》し、印《しるし》をつけました。樹齢《じゅれい》は八十年だそうです。それはみごとなスギの木です。

船材《ふなざい》は、家を建《た》てる建築材《けんちくざい》に比《くら》べて、約《やく》三倍《ばい》もの価格《かかく》です。それだけ選《え》り抜《ぬ》いた木なのです。

十一月、あずさ丸をつくるスギを伐《き》る日がやってきました。

伐採《ばっさい》の前に、塩《しお》とお酒《さけ》を木の根元《ねもと》にお供《そな》えして、山《やま》の神《かみ》に木を伐《き》らせていただく感謝《かんしゃ》をささげ、事故《じこ》のないことをお祈《いの》りしました。

大きな木を伐《き》ることは、とても技術《ぎじゅつ》がいることです。七十歳《さい》に近い「木挽《こび》きさん」とよばれる人が来ていました。どっちに倒《たお》せばほかの木に引っかからないか、木をいためないようにすることができるか、慎重《しんちょう》にあたりを見ていました。

岩淵《いわぶち》さんは、倒《たお》れる位置《いち》をたしかめると、落《お》ちている枯《か》れ枝《えだ》をまわりから集《あつ》めて敷《し》きはじめました。倒《たお》れるときのショックを少しでも弱めるためです。倒《たお》れ方が悪《わる》いと、木の中に割《わ》れが入って使《つか》えなくなるのだそうです。

木挽《こびき》さんは、

「山《やま》の神《かみ》さま、たのみまっせ。」

と言うと、チェンソーのエンジンをスタートさせました。

根元《ねもと》にあてられたチェンソーのエンジンの音が、いちだんと高くなりました。木の根元《ねもと》が大きく切りとられました。そして反対側《はんたいがわ》から刃《は》が食いこむと、木はゆっくり倒《たお》れはじめたのです。木と木のあいだを、枝《えだ》が引っかからないように、しかもほかの木に少しこすらせるようにして、倒《たお》れるスピードを弱めるように伐《き》るのです。それはまさに名人芸《めいじんげい》です。

ドドドドー。大音響《だいおんきょう》とともにスギの巨木《きょぼく》が倒《たお》れました。

その音は、わたしには悲鳴《ひめい》のようにきこえました。

香《かお》りのオーケストラホール

船の長さに切られたスギの丸太は、製材所《せいざいしょ》に運《はこ》ばれ、板《いた》にひかれました。

岩淵棟梁《いわぶちとうりょう》が思っていたとおり、桃色《ももいろ》の美《うつく》しい木肌《きはだ》があらわれました。

ところどころに節《ふし》があるのも予想《よそう》どおりでした。節《ふし》がないと、板《いた》が裂《さ》けたとき、どこまでも裂《さ》けていくのだそうです。節《ふし》はそれを止める役目《やくめ》をするのです。

木は寒《さむ》くなると水を少ししか吸《す》わなくなります。ですから、十一月から三月ごろまでが、この地方では木を伐採《ばっさい》するのに適《てき》した季《き》節《せつ》です。

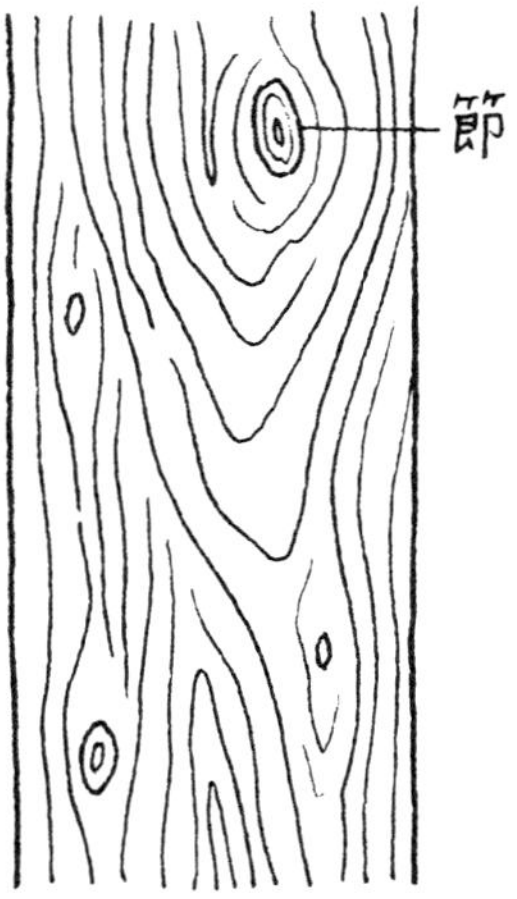

海辺《うみべ》の小さな造船場《ぞうせんば》には、長いスギの板《いた》が何十枚《まい》も干《ほ》されていました。とってもいい香《かお》りがあたりにただよっていました。

小さな造船場《ぞうせんば》なので、わたしたちの注文《ちゅうもん》した船の材料《ざいりょう》で埋《う》まっています。

「森は海の恋人運動《こいびとうんどう》」で植林《しょくりん》をしている岩手県室根村《いわてけんむろねむら》からは、ミヨシとよばれる船首《せんしゅ》にするための木材《もくざい》を買いました。室根村《むろねむら》いちばんという樹齢《じゅれい》百年のヒノキです。それはみごとなもので、見学に来た人たちが、ため息《いき》をついていました。ミヨシは、船のもっとも目立つところで、木造船《もくぞうせん》のシンボルです。

ヒノキは、スギとはちがった香《かお》りです。

ほかにも、ケヤキ、マツ、ナラなど、まるで香《かお》りのオーケストラホールにいるような気持《きも》ちになります。

きれいな曲線《きょくせん》が船の命《いのち》

海辺《うみべ》の小さな岩淵《いわぶち》さんの造船所《ぞうせんじょ》には、何種類《なんしゅるい》もの木が置《お》かれていました。気をつけて見ると、ほとんどのものには皮《かわ》がついています。

家を建《た》てるのに使《つか》う建築材《けんちくざい》は、ほとんど四角の角材《かくざい》にするのに、木造船《もくぞうせん》の木材《もくざい》は、なぜ皮《かわ》がついたままなのでしょう。

それは木造船《もくぞうせん》のスタイルが、どこを見ても曲線《きょくせん》（カーブ）だらけだからです。船大工は、その船のカーブに合わせて木を伐《き》ったりけずったりするため、皮《かわ》がついた自然《しぜん》のままの状態《じょうたい》にしているのだそうです。

船の注文《ちゅうもん》があると、岩淵《いわぶち》さんは目をつむって、どんなスタイルの船にするかを頭の中で描《えが》いてみるそうです。そこでもっともだいじなことは、トモ（船尾《せんび》）からオモテ（船首）にかけてのカーブをどこから、どんな角度《かくど》に曲《ま》げてゆくかということだそうです。そのカーブによって、船の安全度《あんぜんど》やスピードがまったくちがったものになるからです。

このとき役《やく》に立つのが、水着姿《みずぎすがた》の女の人の写真《しゃしん》だそうです。

「後《うし》ろ姿《すがた》の体の曲線《きょくせん》は、船の曲線《きょくせん》と共通《きょうつう》するところが多いですよ。」

と、岩淵《いわぶち》さんは顔を赤くして、下を向《む》きました。そう言われてみれば、たしかにはってある写真《しゃしん》は後《うし》ろ姿《すがた》ばかりです。

「船は後《うし》ろ姿《すがた》の女の人の体がモデルです。」岩淵《いわぶち》さんのむかしからの持論《じろん》です。

そのせいでしょうか、船には奥《おく》さんや娘《むすめ》さんの名前をつける人が、この地方には多いのです。

みなさんは、カレイという魚を食べたことはありますか。焼《や》いても煮《に》てもおいしい魚ですね。こんど魚屋《さかなや》さんでカレイの背中《せなか》を見てくださいね。できたら生きているのがいいですね。

船をこぐ櫓《ろ》をつくるとき、「櫓《ろ》のカーブはカレイの背中《せなか》のようにけずるんだ。」と、岩淵《いわぶち》さんは師匠《ししょう》から言われたというのです。櫓《ろ》は人の力でこぎますから、水中でなめらかに水を切らないと、疲《つか》れてしまいますよね。

いい櫓《ろ》をつくるヒントになるのがカレイの背中《せなか》のカーブなのです。むかしの人は経験《けいけん》から、自然《しぜん》をよく見ていたのですね。とくに海で使《つか》う道具《どうぐ》をつくるとき、海の生《い》き物《もの》の体の線がたよりだったのです。

岩淵《いわぶち》さんのつくる櫓《ろ》はこぎやすく、船のスピードも出ることで有名《ゆうめい》です。岩淵《いわぶち》さんはときどき、目をつむってぼんやりしているときがあります。そんなときは、きっと曲線《きょくせん》を頭の中に描《えが》いていたのでしょう。

あずさ丸進水《しんすい》

雪がふりはじめた十二月、あずさ丸の起工式《きこうしき》が行われました。

むかしから、船は寒《かん》づくりに限《かぎ》る、といわれているのです。板《いた》にしていた材料《ざいりょう》が乾燥《かんそう》しているので、はりあわせた部分《ぶぶん》が水を吸《す》うと膨張《ぼうちょう》して、お互《たが》いに吸《す》いつき、水もれしないのです。

七センチはあるような厚《あつ》くひいたスギの板《いた》を二枚《まい》合わせて船底《ふなぞこ》をつくり、その上で儀式《ぎしき》をします。船底材《せんていざい》は「スキ」とよばれているので、「スキ据《す》え」といいます。

岩淵棟梁《いわぶちとうりょう》から、赤い魚、ダイコン、コンブ、塩《しお》、お米を用意《ようい》するように言われていました。

友だちが、まっ赤《か》なタイを二匹《ひき》、お祝《いわ》いに持《も》ってきてくれました。木を伐《き》ってくれた木挽《こびき》さん、製材所《せいざいしょ》の工場長、仲間《なかま》のカキ養殖業者《ようしょくぎょうしゃ》が、棟梁《とうりょう》に続《つづ》いて御神酒《おみき》を上げ、いい船ができますよう、安全《あんぜん》に仕事《しごと》ができますよう、祈《いの》りました。

スキが据《す》えられると、船首にミヨシが立ちます。

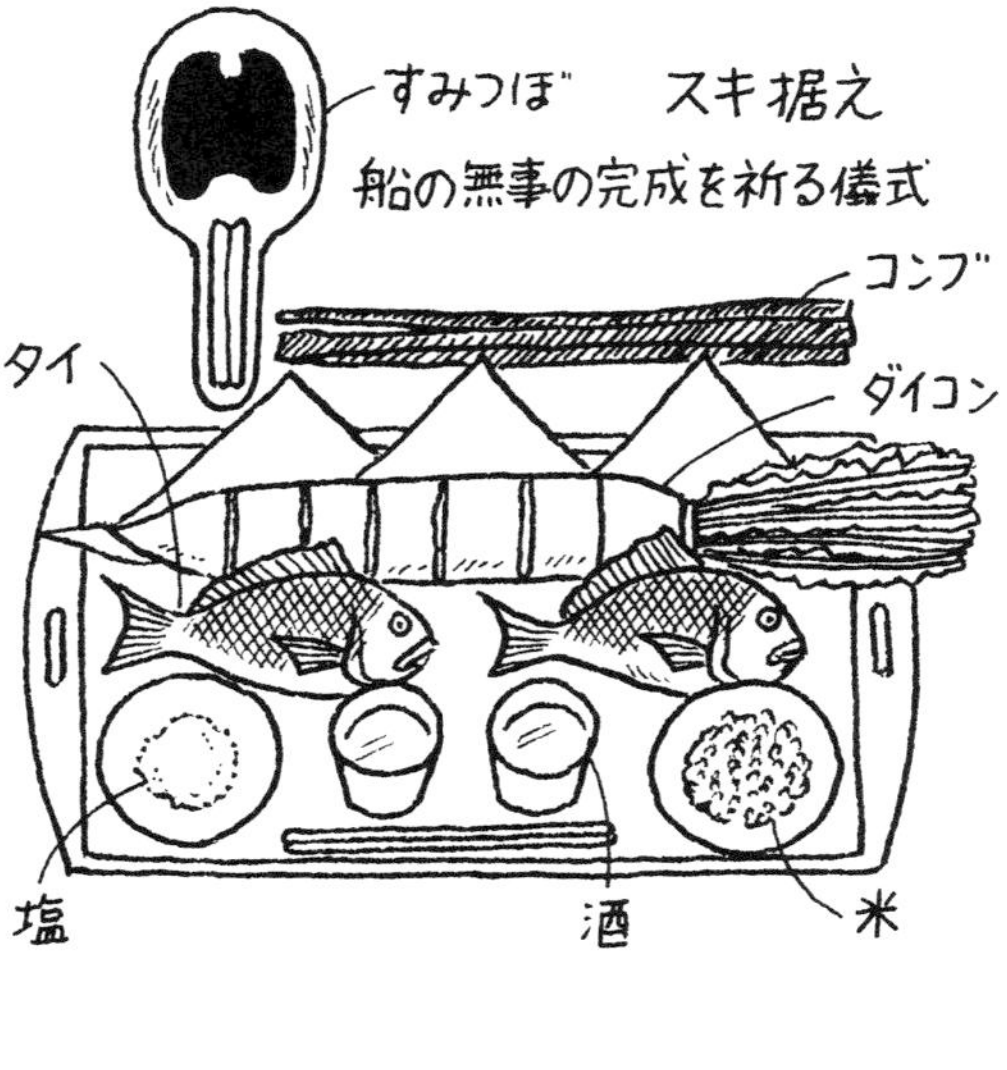
すみつぼ
スキ据え
船の無事の完成を祈る儀式
コンブ
タイ
ダイコン
塩
酒
米

次に船尾《せんび》から順番《じゅんばん》に三角形の仕切《しき》り板《いた》がスキの上にならびます。

そして、「ケエゴ」とよばれるスギの板《いた》をトモ（船尾《せんび》）からオモテ（船首）にはりつけるのです。

ケエゴは、板《いた》を曲《ま》げてつくらなければなりません。

棟梁《とうりょう》は、ケエゴの下にカンナくずを敷《し》いて火を燃《も》やします。スギの葉《は》に水をふくませて、板《いた》が焼《や》けないようにときどき、水をうちます。反《はん》対側《たいがわ》からは海水をひたしたタオルをこすりつけ、水分を補給《ほきゅう》します。火であぶられた側《がわ》は縮《ちぢ》み、海水をひたされた側《がわ》が伸《の》びます。このとき、板《いた》の両端《りょうたん》に重《おも》りを載《の》せて板《いた》を曲《ま》げます。し

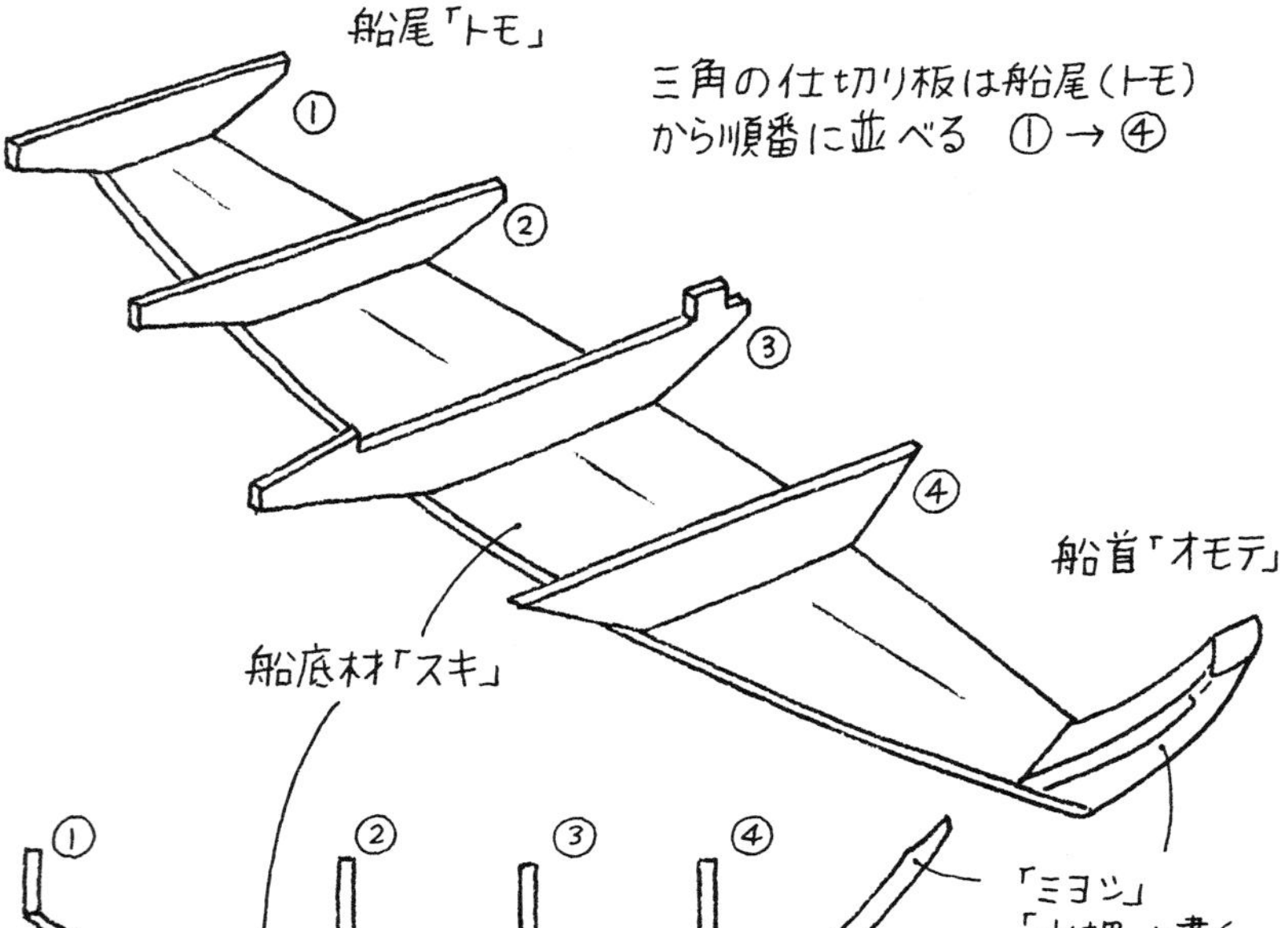

船尾「トモ」
三角の仕切り板は船尾（トモ）から順番に並べる ①→④
①
②
③
④
船首「オモテ」
船底材「スキ」
①
②
③
④
「ミヨシ」
「水押」と書く

かもねじりながら曲《ま》げるのです。

この仕事《しごと》を「焼《や》きだめ」というのだそうです。

こうして、船首から船尾《せんび》までに長い板《いた》がピタリとはりつき、船のかたちができてきました。

造船《ぞうせん》にとりかかると、船は思っていたより早くできあがるので、おどろいてしまいました。

棟梁《とうりょう》は口ぐせのように、「仕事《しごと》は段《だん》どり八分。」と言っていました。木を選《えら》び、伐《き》って、製材《せいざい》し、材料《ざいりょう》をそろえるまでの準備《じゅんび》を見てきましたので、その意味《いみ》がよくわかりました。

こうして、一号《ごう》あずさ丸は、平成《へいせい》九年（一九九七）二月末《すえ》に進水《しんすい》したのです。

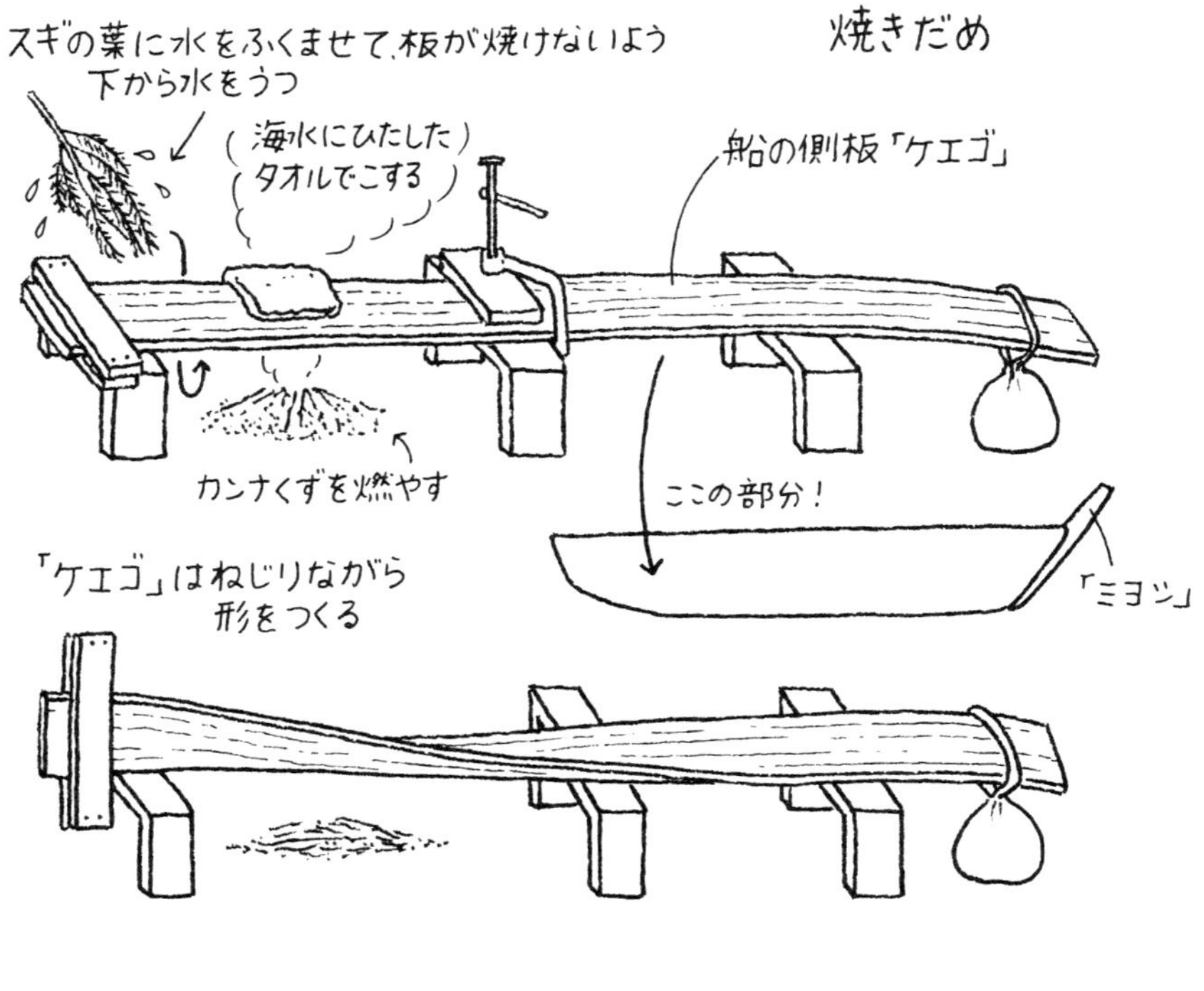
焼きだめ
スギの葉に水をふくませて、板が焼けないよう下から水をうつ
海水にひたしたタオルでこする
船の側板「ケエゴ」
カンナくずを燃やす
ここの部分！
「ミヨシ」
「ケエゴ」はねじりながら形をつくる

あずささん、あなたが好《す》き

みなさんは、あずさの木を知っていますか？

すこし前までは、女の子の名前に「あずさ」がよく見かけられました。

新宿発《しんじゅくはつ》の中央本線《ちゅうおうほんせん》・松本《まつもと》行きの特急列車《とっきゅうれっしゃ》の名前でも知られています。中央《ちゅうおう》アルプスに近い長野県《ながのけん》の松本《まつもと》行きの列車《れっしゃ》にこの名前がつけられているということは、寒《さむ》いところに生えている木だと想像《そうぞう》されますね。松本《まつもと》から近い上高地《かみこうち》には、梓川《あずさがわ》という川が流《なが》れています。この川の流域《りゅういき》には、あずさの木が多いのです。かたくて、しなりがあって折《お》れにくいという性質《せいしつ》から、弓をつくる材料《ざいりょう》としてむかしから有名《ゆうめい》です。

じつは、三陸《さんりく》地方の海辺《うみべ》の生活は、このあずさの木でささえられていました。船をこぐ櫓《ろ》の材《ざい》料《りょう》がこの木なのです。むかしの船はエンジンがついていませんでしたから、櫓《ろ》がエンジンのようなものでした。エンジンが故障《こしょう》したらＳＯＳですよね。だから、あずさは命《いのち》をあずける木なので

す。

あずさの木には、もうひとつたいせつな役割《やくわり》があります。アワビやウニをとるときに使《つか》う道具《どうぐ》に、あずさの木を細くけずった二メートルほどの棒《ぼう》が必要《ひつよう》なのです。

この棒《ぼう》を「そ」とよんでいます。「そ」の先にウニやアワビを引っかけるカギを結《むす》びつけます。そして、「そ」に長い竹を継《つ》いで、十五メートルもの深《ふか》い海底《かいてい》のアワビを船の上から引っかけてとるのです。

あずさの木の重《おも》さが竹ざおを沈《しず》める役目《やくめ》をし、バネの強さが、力をかけてアワビをとるときに折《お》れるのを防《ふせ》ぎます。

あずさの木はむかしから高価《こうか》で、近所《きんじょ》には三代前《だいまえ》からのゆずりものだという「そ」を使《つか》っている人がいました。

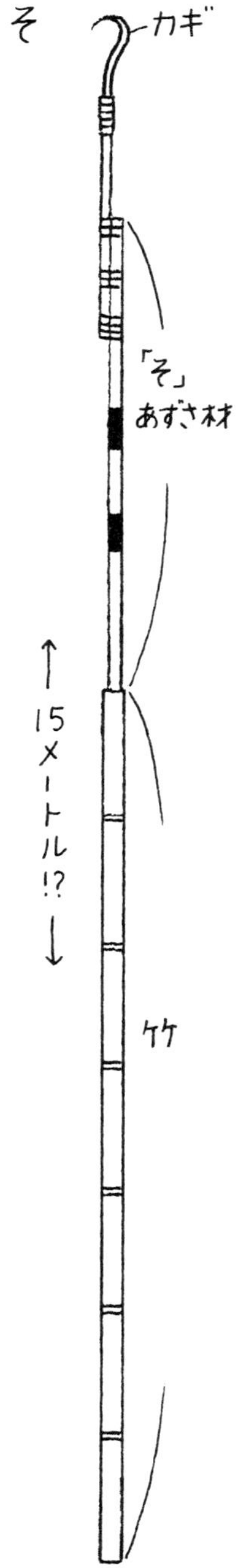
そ
カギ
「そ」
あずさ材
15メートル!?
竹

一号《ごう》あずさ丸をつくった岩淵《いわぶち》さんは、二艘《そう》分の櫓《ろ》をつくりはじめました。四丁櫓《ちょうろ》の船ですから、櫓《ろ》は八丁《ちょう》いります。

造船所《ぞうせんじょ》に行ってみますと、皮《かわ》がついたままの木がたてに割《わ》られた長材《ちょうざい》が八本ありました。それがあずさだったのです。岩淵《いわぶち》さんは、

「櫓《ろ》のカーブは、カレイの背中《せなか》のようにカンナでけずって仕上《しあ》げるんだ、と師匠《ししょう》から教えられたので、その教えどおりにつくります。」

と言いました。

櫓《ろ》は二つの部分《ぶぶん》に分かれていて、人が手でにぎってこぐところをウデ、水中で水をかくところをアシというのだそうです。

あずさは、アシに使《つか》われます。あずさは水に沈《しず》む木（沈木《ちんぼく》）なのです。浮《う》いてしまう木では水をかけませんよね。でも、ウデもアシも両方《りょうほう》あずさにすると、櫓《ろ》を海に落《お》としたとき、沈《しず》んでしま

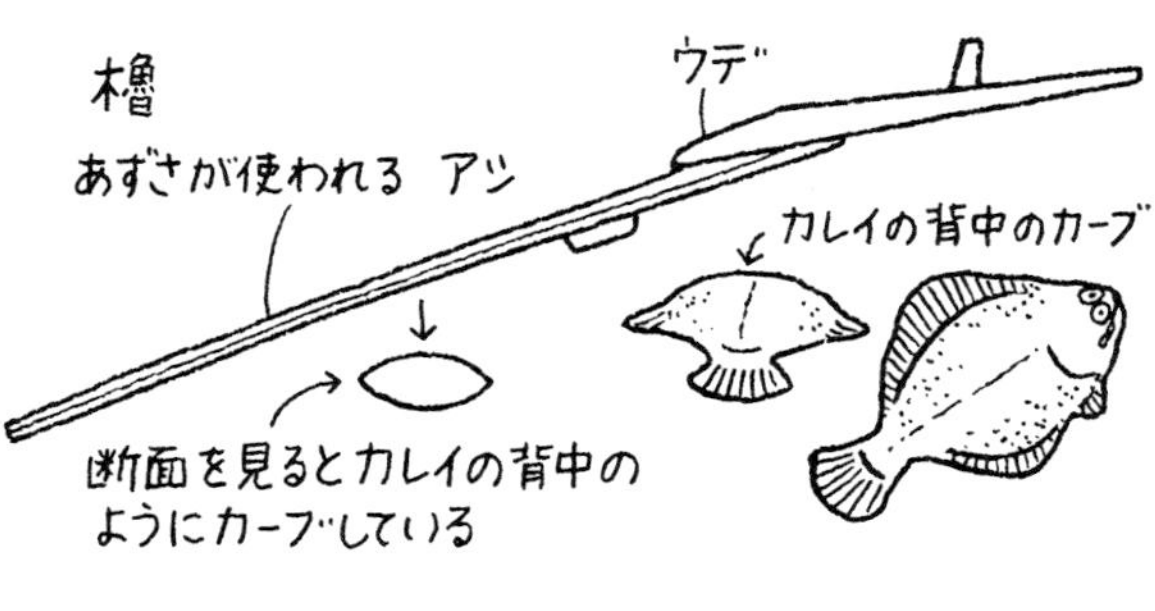
櫓
ウデ
あずさが使われる アシ
カレイの背中のカーブ
断面を見るとカレイの背中のようにカーブしている

います。そこでウデは水に浮《う》かぶクルミやナラなどの木を使《つか》うのです。

岩淵《いわぶち》さんは、アシをけずっていました。皮がついているカーブが強度《きょうど》を保《たも》たせているのだそうです。横《よこ》から見ていると、たしかにカレイの背中《せなか》にカーブが似《に》ています。そして、「櫓《ろ》にカンナをかけるときは、真綿《まわた》をひいても引っかからないようにかけるんだ。」ときびしく仕込《しこ》まれたそうです。

櫓《ろ》は使《つか》っていると表面《ひょうめん》にうすく藻《も》がついてきて、水切れが悪《わる》くなります。これを「櫓《ろ》あかがつく」といいます。櫓《ろ》あかのついた櫓《ろ》を見られるのは漁師《りょうし》の恥《はじ》とされ、漁師《りょうし》は、ワラ縄《なわ》でつくったタワシで、いつもピカピカにみがいていました。

こうして、八丁《ちょう》の新しい櫓《ろ》ができあがりました。

「何年も新しい櫓《ろ》をつくっていなかったので心配《しんぱい》でしたが、若《わか》いとき仕込《しこ》まれた技術《ぎじゅつ》は忘《わす》れないものだね。ありがたいね。」

と、岩淵《いわぶち》さんは涙《なみだ》ぐむのでした。

帰ってきたあずさ丸

三月末《まつ》には二号《ごう》あずさ丸も進水《しんすい》し、二艘《そう》の和船《わせん》が舞根湾《もうねわん》をめざしてこぎだしたのでした。大漁旗《たいりょうき》が風に舞《ま》い、ねじりはちまき姿《すがた》の海の男たちが八丁《ちょう》の櫓《ろ》をこぐ姿《すがた》は忘《わす》れることのできない光景《こうけい》です。

思っていたとおり、あずさ丸による体験学習《たいけんがくしゅう》は評判《ひょうばん》をよび、舞根湾《もうねわん》には子どもたちの歓声《かんせい》が絶《た》えることがありませんでした。

あずさ丸は四丁櫓《ちょうろ》が二艘《そう》ですから、こぎ手が八人必要《ひつよう》です。ちょうど、マグロを追《お》い世界《せかい》の海をかけめぐっていた船員《せんいん》たちが引退《いんたい》し、故郷《こきょう》にもどってくる人たちが多くなっていた時代《じだい》と重《かさ》なりました。声をかけると、みんな喜《よろこ》んで手伝《てつだ》ってくれました。

みんな子どものころ、櫓《ろ》をこいで遊《あそ》んだ人たちです。とてもうれしそうに子どもたちに教えています。

毎年、「気仙沼《けせんぬま》みなとまつり」でも、あずさ丸は大活躍《だいかつやく》です。カツオ釣《つ》りの実況《じっきょう》や、唄《うた》いこみの船として観光客《かんこうきゃく》を楽しませました。

十五年間で、あずさ丸に乗《の》せた人は七千人ぐらいになったでしょうか。

あずさ丸をつくった船大工として、岩淵《いわぶち》さんも有名《ゆうめい》になりました。


しかし、3・11の大津波《おおつなみ》で、一号《ごう》・二号《ごう》あずさ丸は流《なが》されてしまい、行方不明《ゆくえふめい》になったのです。

岩淵《いわぶち》さんも自宅《じたく》が浸水《しんすい》し、そのことが原因《げんいん》で体調《たいちょう》を崩《くず》し、亡《な》くなったのです。

本当に悲《かな》しく、残念《ざんねん》でたまりません。

岩淵《いわぶち》さんの船で残《のこ》ったのは、木に引っかかっていた小さなあずさ丸だけでした。

「津波《つなみ》の前の舞根《もうね》を思い出す形見のようだね。山から海辺《うみべ》に下ろそう。」

と、みんなに手伝《てつだ》ってもらって運《はこ》んだのでした。

しかし、大津波《おおつなみ》後《ご》の混乱《こんらん》で、あずさ丸は浜辺《はまべ》に放置《ほうち》されていました。でも岩淵《いわぶち》さんに口ぐせのように言われていたことを思い出しました。

〝生きている木には真水《まみず》をかける。倒《たお》した木には塩水《しおみず》をかける。〟です。

木造船《もくぞうせん》は毎日塩水《しおみず》をかけないとくさってしまい、乾燥《かんそう》するとひびが入るのです。

電気が止まったのでポンプが使《つか》えません。バケツで海水をくみ、あずさ丸にかけつづけました。また、とくに〝雪はもっとも船をくさらせるから、かたづけるように。〟と言われていましたので、せっせと雪かきをしました。生きている木は塩水《しおみず》をかけると枯《か》れますが、木造船《もくぞうせん》は真水《まみず》に弱いのです。

心配《しんぱい》なことがありました。修理《しゅうり》してくれる船大工がいるかどうかです。海辺《うみべ》の造船場《ぞうせんば》はぜんぶ流《なが》されてしまったのです。これでもう船大工はみな廃業《はいぎょう》してしまうのではないか、といううわさも伝《つた》わってきました。

ところが、ある日、長男の哲《てつ》から、

「おやじさん、修理《しゅうり》してもらうよう、たのんできたから。あずさ丸は造船所《ぞうせんじょ》に運《はこ》んだから。」

と、報告《ほうこく》をうけました。気仙沼湾《けせんぬまわん》に面《めん》した鶴ヶ浦《つるがうら》というところに再開《さいかい》した小さな造船所《ぞうせんじょ》があることがわかったのです。

なんでも、岩淵棟梁《いわぶちとうりょう》をよく知っている人で、技術《ぎじゅつ》を教えてもらったこともあるというのです。

こうして、昨年《さくねん》（平成《へいせい》二十九年）の夏、舞根湾《もうねわん》にあずさ丸が帰ってきたのです。

さっそく乗《の》ってみました。ちゃんと修理《しゅうり》されていて、水もれはありません。技術《ぎじゅつ》は伝《つた》わっていたのですね。

　二男《じなん》の耕《こう》の長男・凪《なぎ》は三歳《さい》です。荒《あ》れた海が凪《な》ぎるようにとつけた名前です。好奇心《こうきしん》のかたまりのような子です。「船に乗《の》るか？」と言うと、喜《よろこ》んで乗《の》ってきました。

　むかしわたしの父がそうしたように、櫓《ろ》をさわらせました。

　ギーッコ、ギーッコ、静《しず》かな舞根湾《もうねわん》に櫓《ろ》の音がもどってきました。

「凪《なぎ》ちゃんが櫓《ろ》をこいでる。」

　それは舞根《もうね》に暮《く》らしている人々にとって大きな希望《きぼう》でした。

津波《つなみ》の年、幼稚園児《ようちえんじ》だった寛司《かんじ》（長男・哲《てつ》の二男《じなん》）は、もう中学一年生です。冬でも、半そで・半ズボンという元気者《げんきもの》です。生《い》き物《もの》が好《す》きで、家の玄関《げんかん》は寛司《かんじ》の水槽《すいそう》で占領《せんりょう》されています。グッピー、メダカ、サンショウウオなどです。

小学生のあいだは船がなく、櫓《ろ》こぎを教えられなかったので、さっそく特訓《とっくん》を始《はじ》めました。

ところが、櫓床《ろどこ》から櫓《ろ》を外してばかりです。なんとか外さないようになっても、こんどは先に進《すす》めず、グルグル回るばかりです。でも、元気者《げんきもの》の寛司《かんじ》は疲《つか》れを知りません。ねばり強く半日ほど練習《れんしゅう》しているうちに、なんとか前に進《すす》むようになってきました。

いっしょに乗《の》っていると、つい手を出してしまうので、二日目からはひとりで乗《の》せ、つっ放《ぱな》しました。もう必死《ひっし》です。午後にはちゃんとこげるようになったのです。

はらはらして見守《みまも》っていた大人たちは、思わず大拍手《だいはくしゅ》です。

「カンカン（寛司《かんじ》のニックネーム）、いいぞ。」

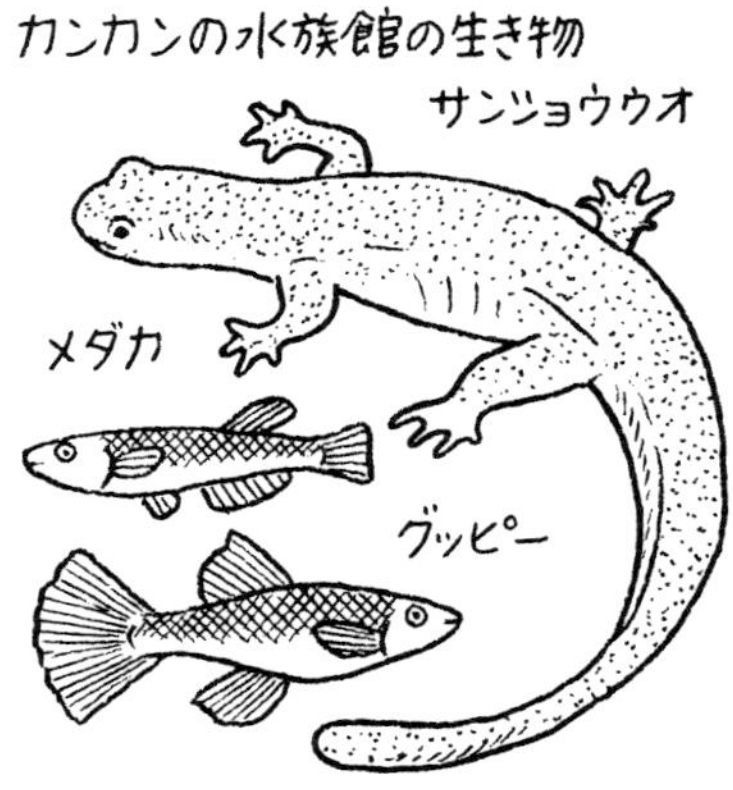

舞根湾《もうねわん》に喜《よろこ》びの声がこだましました。

岩淵《いわぶち》さんのプレゼント

櫓《ろ》をこげるようになったら、やらせたいことがありました。それはメバル釣《つ》りです。長いあいだ姿《すがた》を消《け》していたメバルが、津波《つなみ》の前のように少しもどってきていました。後ろに高い山を背負《せお》ったところの岸壁《がんぺき》の前に、馬尾藻《ホンダワラ》がいっぱい生えていて、そこにすみつきだしたのです。

そこは、山にしみこんだ地下水がわき出していて、海がいつもウルウルしているのです。森の養分《ようぶん》が馬尾藻《ホンダワラ》を育《そだ》てていることがよくわかるところでした。

わたしが子どものころの最大《さいだい》の楽しみは、メバル釣《つ》りでした。夏休みの日記には、「今日もメバル釣《つ》りに行きました。」ばかりが書かれていたものです。

どこで釣《つ》るかというと、カキイカダです。櫓《ろ》をこいでイカダに行き、つり下がっているカキをゆすってやると、海底《かいてい》のほうから大きな目玉を光らせて、メバルの大群《たいぐん》が上がってくるのです。それは今思い出しても、心おどる光景《こうけい》です。

〝孫《まご》とメバル釣《つ》りをする〟――わたしの夢《ゆめ》でした。

ところがメバルは、馬尾藻《ホンダワラ》のジャングルにはすみつきはじめましたが、カキイカダには姿《すがた》が見えませんでした。京都大学《きょうとだいがく》の魚の先生にきいてみますと、「まだ全体《ぜんたい》の数が少ないのですね。数がふえると、イカダに移動《いどう》するはずです。」と教えてくれました。

でも、わたしは予感《よかん》がしました。カンカンが櫓《ろ》をこげるようになったのは、メバルがイカダにもどった知らせではないか、と思ったのです。

メバル釣《つ》りのえさは、生きたエビです。

メバルは、死《し》んだエビには見向《みむ》きもしませんが、生きたエビを釣《つ》り針《ばり》にかけて下ろしてやると、動《うご》くエビを追《お》いかけてきて、食らいつくのです。

「エビとりに行くぞ。タモとバケツを用意《ようい》しろ。」

カンカンに言いました。カンカンは、川や沼《ぬま》の生き物《いもの》をとっていましたから、どこにエビがいるか知っているのです。

舞根湾《もうねわん》に注《そそ》ぐ川の上流《じょうりゅう》のほうにエビがいます。六十年も前に、わたしも通った道です。

天然《てんねん》の石を積《つ》みあげた、むかしの石垣《いしがき》のところに行ってみました。でこぼこしていて、生き物《いもの》のかくれるところがたくさんあります。

「川下のほうから入るんだ。川上からだと泥《どろ》が流《なが》れてくるから見えなくなるんだ。一回に何匹《びき》もとろうとすると失敗《しっぱい》するからな。一匹《ぴき》ずつタモにさそうんだ。」

かげになっている場所や
流れが淀んでいるところに
エビがいることが多い

カンカンは神妙《しんみょう》にうなずいています。そして川に入っていきました。

「木の枝《えだ》を石垣《いしがき》のあいだに、そうっと入れてみろ。」

「あっ、いた。」

カンカンが声をあげました。

はっきりしたすじのあるエビが、石垣《いしがき》のあいだから出てきました。長いひげと目玉が動《うご》くのが見えます。

「あわてるな。エビは後ろのほうにはねるから、タモを後ろのほうにあてがうんだ。手でそうっと追《お》いこめ。」

メダカやサンショウウオをとっているカンカンは、おちついていました。

「とった。」

と、タモを上げました。えさにしたら最高《さいこう》のエビです。こうしてたちまち、二十匹《ぴき》ぐらいのエビがとれたのです。

カンカンもうきうきしています。

このときめきこそ、自然《しぜん》を好《す》きになるたいせつな、たいせつな入り口です。

カンカンは漁師《りょうし》になれると思いました。

メバルは昼間は釣《つ》れません。釣《つ》れるのは早朝です。

「エビを逃《に》がさないように生かしておくんだぞ。」

と、何度《なんど》もカンカンに言いました。えさの管理《かんり》も、生《い》き物《もの》を相手《あいて》に暮《く》らすうえで、とてもたいせつなことだからです。

翌朝《よくあさ》、「カンカンを起《お》こせ。」とお母さんの真知子《まちこ》に言うと、「もう起《お》きているみたいです。」と、笑《わら》っています。たぶん興奮《こうふん》して眠《ねむ》れなかったのだと思います。

〝い、い、い、ときめき、いいぞ。〟と思いました。

鏡《かがみ》のように波《なみ》ひとつない舞根湾《もうねわん》を、カンカンのこぐあずさ丸は進《すす》んでゆきます。櫓《ろ》の音をたてないように、櫓床《ろどこ》に水をかけることも教えました。メバルは音に敏感《びんかん》です。

「とにかく静《しず》かにイカダまで行くんだ。」

このことも何度《なんど》も言いました。

イカダに上がって海をのぞきこみ、カキがぶらさがっているロープをゆするようにと言いました。

　すると、五センチほどの小さなメバルの子どもがいっぱい姿《すがた》をあらわしたのです。こんな光景《こうけい》もしばらくぶりです。

　今年の春に生まれた稚魚《ちぎょ》です。このますますみつけば、来年にはこのイカダはメバルでいっぱいになるはずです。

　でも、この稚魚《ちぎょ》では釣《つ》るわけにいきませんから、せっかくのエビの出番がありません。でも、

「とにかく、テグスにエビをかけて下ろしてみろ。」

と言いました。すると、

「おじいちゃん、大きなフグが来てエビをつっついている。あっ、ぜんぶ食ってしまった。」

と、残念《ざんねん》がっています。フグはするどい歯《は》でえさを食いちぎるので、釣《つ》るのがむずかしい魚なのです。

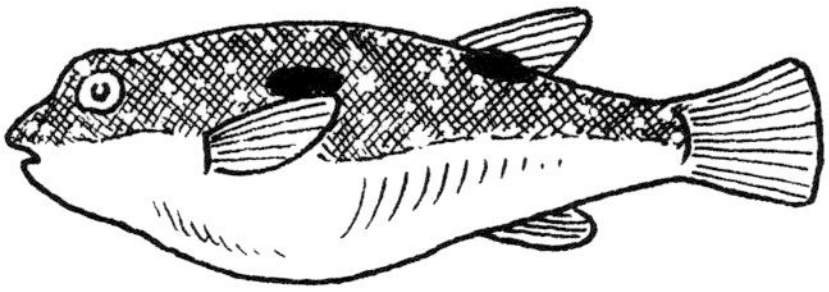
クサフグ（フグ科）

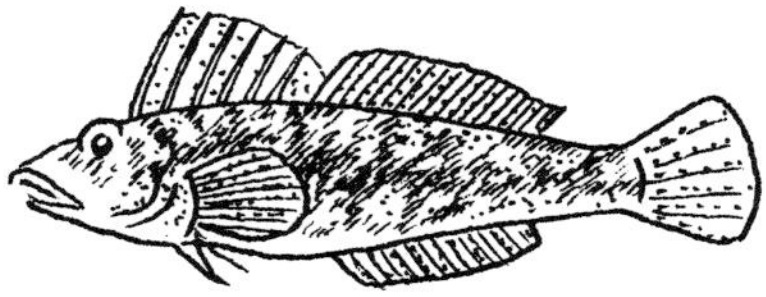
マラダン（カジカ科）（アサヒアナハゼ）

「また下ろしてみろ。」

次《つぎ》のエビをかけてそろそろ下ろすと、カキのかげからさっととび出してきてエビに食らいついた細長い魚が釣《つ》れました。舞根《もうね》ではマラダシとよんでいる、釣《つ》りのじゃま者《もの》です。

「チキショウ。」

と、カンカンは残念《ざんねん》がっています。

「釣《つ》りは、そうかんたんではないぞ。あきらめるな、えさのエビはまだいっぱいあるから。」

と、はげましました。

「カキをもう一回、動《うご》かしてみろ。」

と言いました。カンカンは、「うん。」と

ヤッター!
カキのイカダの上で、見事、
メバルを釣り上げたカンカン

うなずくと、ロープを上下に動《うご》かしました。ロープ一本には六百個《こ》ものカキがついています。とても重《おも》いのです。

カンカンは力が強く、ロープは大きくゆれました。

「もう一回やってみろ。大きめのエビをかけて、もう少し深《ふか》いところまで下ろしてみろ。」

と言いました。

じっと水面《すいめん》をみつめていたカンカンが声をしのばせて言いました。

「なんだか黒っぽいものがエビをつっついてる。エビが逃《に》げてる。ああっ、食った、食った。」

と、テグスを引きあげました。

なんと、黄色の肌《はだ》に横《よこ》じまのはっきりした、みごとなメバルでした。

もしかすると、カキの動《うご》きを見て、ほかのイカダからやってきたのかもしれません。

「ヤッター。」

カンカンは、大きな声をあげました。

カキじいさんの勘《かん》はあたりました。海の神《かみ》さまが、櫓《ろ》をこげるようになったカンカンにプレゼントしたのかもしれません。

あずさ丸をつくった岩淵《いわぶち》さんも、漁師《りょうし》になりそうな少年に、お祝《いわ》いをしたのかもしれません。

朝釣《つ》れたメバルは、この一匹《ぴき》だけでした。

残《のこ》ったエビをカンカンは、川に逃《に》がしにいったのです。

やさしい心根《こころね》に、わたしは涙《なみだ》が出て、止まりませんでした。

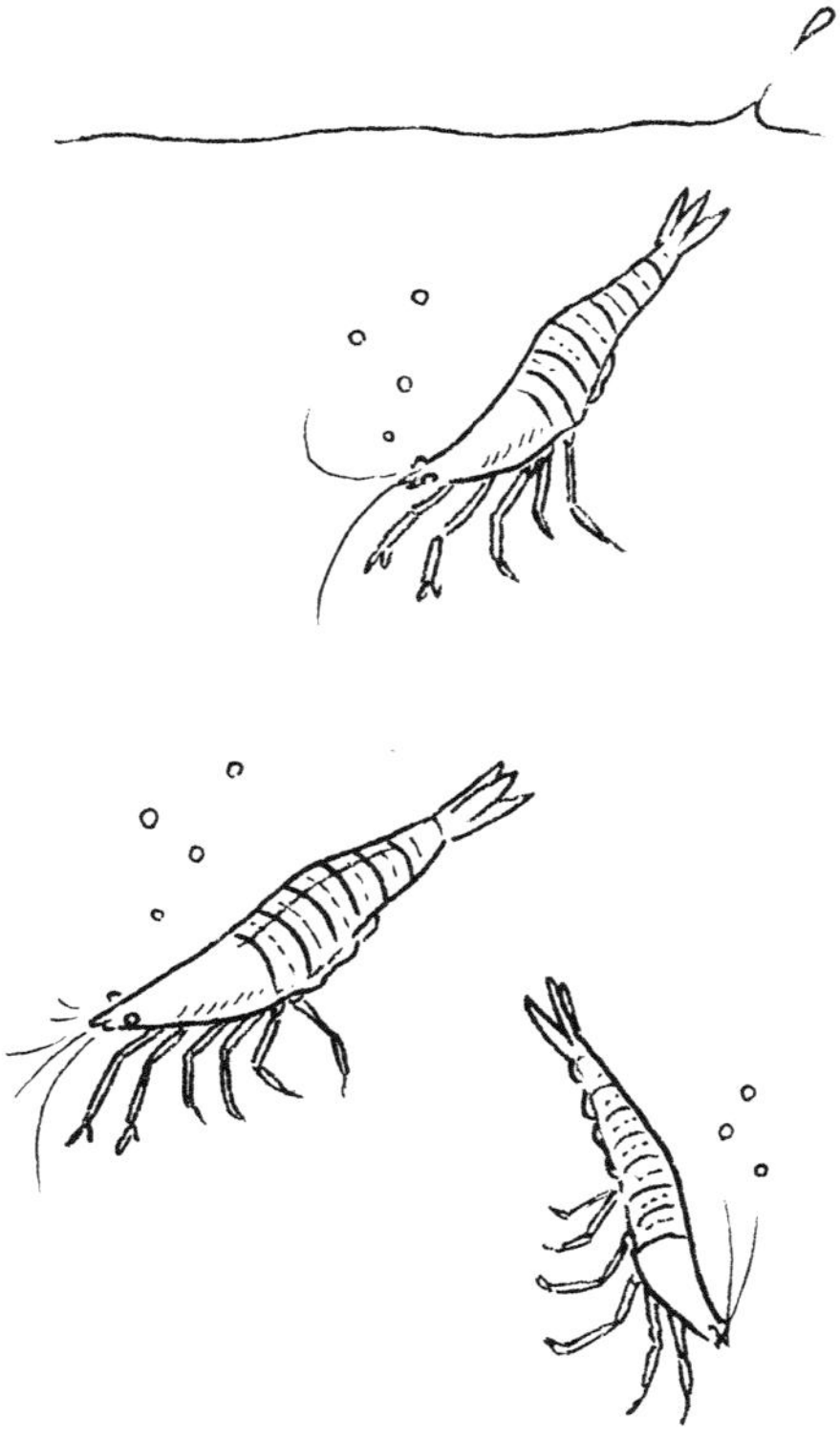

第《だい》6章《しょう》　ニューヨーク

カキじいさん、ニューヨークへ

「人類《じんるい》が生《い》き延《の》びる道は明白だ。
生ガキを安心《あんしん》して食べられる海と共存《きょうそん》することである。」

まるで旧約聖書《きゅうやくせいしょ》に出てくる預言者《よげんしゃ》の言葉《ことば》のようですね。だれが言ったのでしょう。

カキという字が出てくるから、もしかするとカキじいさん？　と思ってくれる人がいたらうれしいけれど……。

平成《へいせい》二十四年（二〇一二）二月、わたしはアメリカ、ニューヨーク湾《わん》のスタテン島《とう》にフェリーでわたり、その帰り、海の上に浮《う》かぶ摩天楼群《まてんろうぐん》を見ていました。そして、この言葉《ことば》が浮《う》かんできたのです。

七十年もカキとともに歩んできたカキじいさんの結論《けつろん》です。

でもどうして、東日本大震災《ひがしにほんだいしんさい》の翌年《よくねん》という混乱《こんらん》の中、そんなところにいたのでしょう。

まるでこの言葉《ことば》をつぶやかせるために、だれかがカキじいさんをつれていったとしか思えませんね。

五人のヒーロー？

大震災《だいしんさい》のあった平成《へいせい》二十三年（二〇一一）の十一月、林野庁《りんやちょう》から連絡《れんらく》がありました。

「今年は国連《こくれん》が定《さだ》めた国際《こくさい》森林年で、世界《せかい》じゅうで森林のたいせつさをアピールするイベントが開《ひら》かれています。国連《こくれん》森林フォーラムは、民間人《みんかんじん》で森林保全活動《ほぜんかつどう》をしている個人《こじん》または団体《だんたい》を、アジア、アフリカ、ヨーロッパ、北米、中南米地域《ちいき》からひとりずつ選出《せんしゅつ》し、〝フォレストヒーローズ（森の英雄《えいゆう》）〟として表彰《ひょうしょう》することになりました。そこで、長年にわたり『森は海の恋人運《こいびとうん》動《どう》』をされている畠山《はたけやま》さんを日本代表《だいひょう》にしたいのです。異存《いぞん》はありませんか？

ただし、このあとさらにアジア代表《だいひょう》にならないと、フォレストヒーローにはなれませんが。」

ということでした。

「寝耳《ねみみ》に水」というたとえがありますが、寝《ね》ていて耳に水を入れられた感《かん》じでした。

みんなに報告《ほうこく》すると、

「震災《しんさい》に対《たい》する応援《おうえん》という意味《いみ》だろう。」

「でも、〝森の英雄《えいゆう》〟なのに海の漁師《りょうし》が代表《だいひょう》でいいのかな？」

「漁師《りょうし》をフォレストヒーローにする度胸《どきょう》が国連《こくれん》にあるかね。」

と、首をかしげる仲間《なかま》もいました。

「表彰式《ひょうしょうしき》は来年の二月九日にニューヨークの国連本部《こくれんほんぶ》で行われますから、時間をあけておいてください。」

と、林野庁《りんやちょう》の担当《たんとう》の方から言われていました。でも、年の暮《く》れになっても連絡《れんらく》はありません。

「国連《こくれん》の選考委員《せんこういいん》の人たちも迷《まよ》っているんだろうね。日本代表《だいひょう》に選《えら》ばれただけでも、名誉《めいよ》なことじゃないの。」

と、なぐさめてくれる仲間《なかま》もいます。

一月十日になっても連絡《れんらく》がありません。いよいよあきらめムードが濃《こ》くなってきました。

一月二十日、インターネットを見ていた二男《じなん》の耕《こう》が、

「あ！　出てるよ。フォレストヒーロー、おめでとう。」

と言ったのです。耕《こう》は、大震災《だいしんさい》のあと、東京の大手鉄鋼《てっこう》メーカー営業部《えいぎょうぶ》を退職《たいしょく》し、地元の復興《ふっこう》のために働《はたら》きたいと帰ってきて家業《かぎょう》を手伝《てつだ》っていました。

林野庁《りんやちょう》からも知らせが届《とど》き、ささやかなお祝《いわ》いをしました。避難先《ひなんさき》の小学校に住《す》んでいる仲間《なかま》も多く、「世界《せかい》から認《みと》められたんだ。」「いがった、いがった。」と、喜《よろこ》びあいました。

ニューヨークへの出発《しゅっぱつ》は、二月七日に決《き》まりました。

ニューヨークへは林野庁《りんやちょう》の職員《しょくいん》の方がつきそいで行ってくれることになっていました。でも英《えい》語《ご》のできないわたしは心ぼそく、耕《こう》をつれていくことにしました。

飛行機《ひこうき》の中で読んだ本

「人類《じんるい》が生き延《いの》びる道は明白だ……。」という言葉《ことば》が生まれたきっかけは、こうしてニューヨークに行ったということのほかに、もうひとつのぐうぜんがありました。

じつは、同じ平成《へいせい》二十三年（二〇一一）の十二月から、わたしは読売《よみうり》新聞の読書委員《どくしょいいん》になっていたのです。

日曜日の新聞を開《ひら》くと、ほとんどの新聞の文化欄《ぶんからん》に本の紹介《しょうかい》が出ていますね。本が好《す》きな人は楽しみにしているはずです。

本といっても、さまざまな分野がありますよね。政治《せいじ》、経済《けいざい》、歴史《れきし》、文学、科学、自然《しぜん》……もちろん、青少年向《む》けの本もふくまれます。

読売《よみうり》新聞社には、「地球《ちきゅう》にやさしい作文・活動報告《かつどうほうこく》コンテスト」というものがあり、「森は海の恋《こい》人運動《びとうんどう》」を始《はじ》めたばかりの平成《へいせい》二年（一九九〇）、わたしは大人の部《ぶ》で優勝《ゆうしょう》したことがありました。

そんな縁《えん》からか、わたしが本を出しますと、書評欄《しょひょうらん》にかならずとりあげてもらっていたのです。

九月に就任《しゅうにん》依頼《いらい》の話があり、メンバー表《ひょう》を見せられました。日本を代表《だいひょう》するその道の専門家《せんもんか》、有名《ゆうめい》大学の教授《きょうじゅ》、作家、評論家《ひょうろんか》など博識《はくしき》な方々ばかりです。

思わずしりごみしそうになりましたが、「大手新聞の読書委員《どくしょいいん》に、カキ養殖漁民《ようしょくぎょみん》が就《つ》くのは世《せ》界《かい》で初《はじ》めてだと思います。ぜひ、漁民《ぎょみん》の目で本を紹介《しょうかい》してください。」と言われたのです。こうして、月に二冊《さつ》、書評《しょひょう》を書く生活が始《はじ》まっていました。

出発《しゅっぱつ》一週間前の読書委員会《どくしょいいんかい》でのことでした。

「畠山《はたけやま》さん、次《つぎ》はこれをやってください。あなたにピッタリの本ですよ。」

と、わたされたのが『牡蠣《かき》と紐育《ニューヨーク》』という三百三ページのずっしりした本です。アメリカの作家、マーク・カーランスキーという人の力作です。

これからニューヨークに発《た》つというときに、なんというタイミングでしょう。

アメリカ東海岸《ひがしかいがん》のカキについての知識《ちしき》は、東北大学《とうほくだいがく》

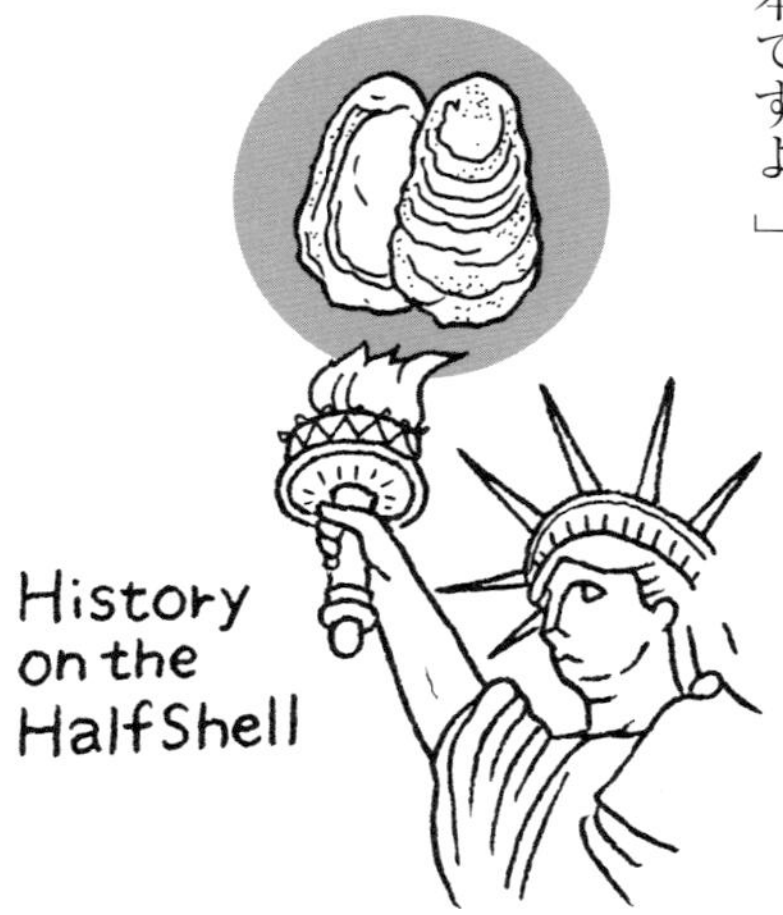
History
on the
HalfShell
『牡蠣と紐育』の本の表紙には自由の女神とカキが描かれている

の著名《ちょめい》なカキ博士《はかせ》であった今井丈夫《いまいたけお》先生から学んでいました。東海岸《ひがしかいがん》のカキは、学名を「クラスオストレア・バージニカ」といい、日本では「大西洋《たいせいよう》カキ」とよばれていること。貝柱《かいばしら》が付着《ふちゃく》しているところの貝殻《かいがら》が青紫色《あおむらさきいろ》をしているので、「ブルーポイント」とよばれていること。日本のマガキに比《くら》べて殻《から》は平《ひら》べったいが、独特《どくとく》の味《あじ》わいがある、ということなどでした。

サンフランシスコから北のアメリカ西海岸《にしかいがん》のカキは、百年前、沖縄出身《おきなわしゅっしん》の宮城新昌《みやぎしんしょう》が、宮城県《みやぎけん》産《さん》の種《たね》ガキの移植《いしょく》に成功《せいこう》し、「パシフィック・オイスター」の名で今でも養殖《ようしょく》されています。そのことを調《しら》べるため、わたしはシアトル沿岸《えんがん》を訪《おとず》れ、『牡蠣礼讃《かきらいさん》』という本を出版《しゅっぱん》したほどです。

でも、ニューヨークとカキについては、まったく知識《ちしき》がありません。

成田《なりた》からニューヨークへの十三時間をかけ、この大作を一気に読みました。

エデンの園《その》

それはおどろきの連続《れんぞく》でした。なんと十八世紀《せいき》中ごろまで、世界一《せかいいち》のカキの産地《さんち》はニューヨーク湾《わん》だったというのです。

ニューヨークタイムズ紙にカキについての記事《きじ》を書いてほしいとたのまれた作家のマーク・カーランスキーが調査《ちょうさ》を始《はじ》めたことが、この本を書くきっかけだったそうです。「調《しら》べてゆく内に、近代《きんだい》文明の象徴《しょうちょう》、摩天楼《まてんろう》が大きな顔をしているこの地は、白人が足を踏《ふ》み入《い》れる前は、大自然《だいしぜん》の恵《めぐ》み豊《ゆた》かなエデンの園《その》のような地であったことを知り、衝撃《しょうげき》を受《う》けた。」と書いています。

ここは、乳《ちち》と蜜《みつ》が流《なが》れ、
アザミのような薬草《やくそう》が自由《じゆう》に茂《しげ》る土地
アロンの杖《つえ》から吹《ふ》いた芽《め》があちこちに飛《と》んでいる場所《ばしょ》
おお、ここは、まさにエデンなり。
——ジェイコブ・スティーンダム
一六五〇年から一六六〇年にかけてニューネザーランドに入植《にゅうしょく》したオランダ人

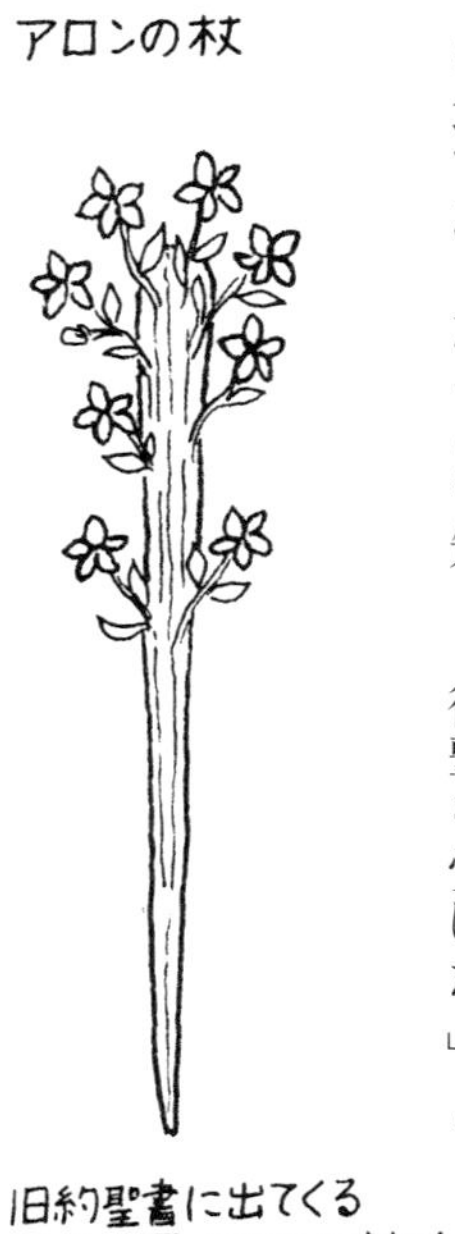
アロンの杖
旧約聖書に出てくる
モーセの兄、アロンの杖は
一晩でアーモンドの花が
咲き実をつけたという

一六〇九年、オランダにやとわれたイギリスの探検家《たんけんか》、ヘンリー・ハドソンが、全長《ぜんちょう》八十五フィートの船「ハーフ・ムーン号《ごう》」でニューヨーク湾《わん》にたどりつきました。

そのときハドソンが目にしたのは、ニューヨーク湾《わん》のカキをふんだんに味《あじ》わっている先住《せんじゅう》民《みん》の人々だったのです。

ニューヨーク湾《わん》は大きな川が注《そそ》ぐ大汽水域《だいきすいいき》でした。ハドソンの名にちなんで、もっとも大きな川が「ハドソン川」と命名《めいめい》されました。

入植《にゅうしょく》したオランダ人は、豊《ゆた》かな森や、野生の花が咲《さ》きみだれる野原のようすや、自生する木《こ》の実《み》、野生のチェリー、グーズベリー、ヘーゼルナッツ、リンゴ、ナシ、そしてイチゴがとく

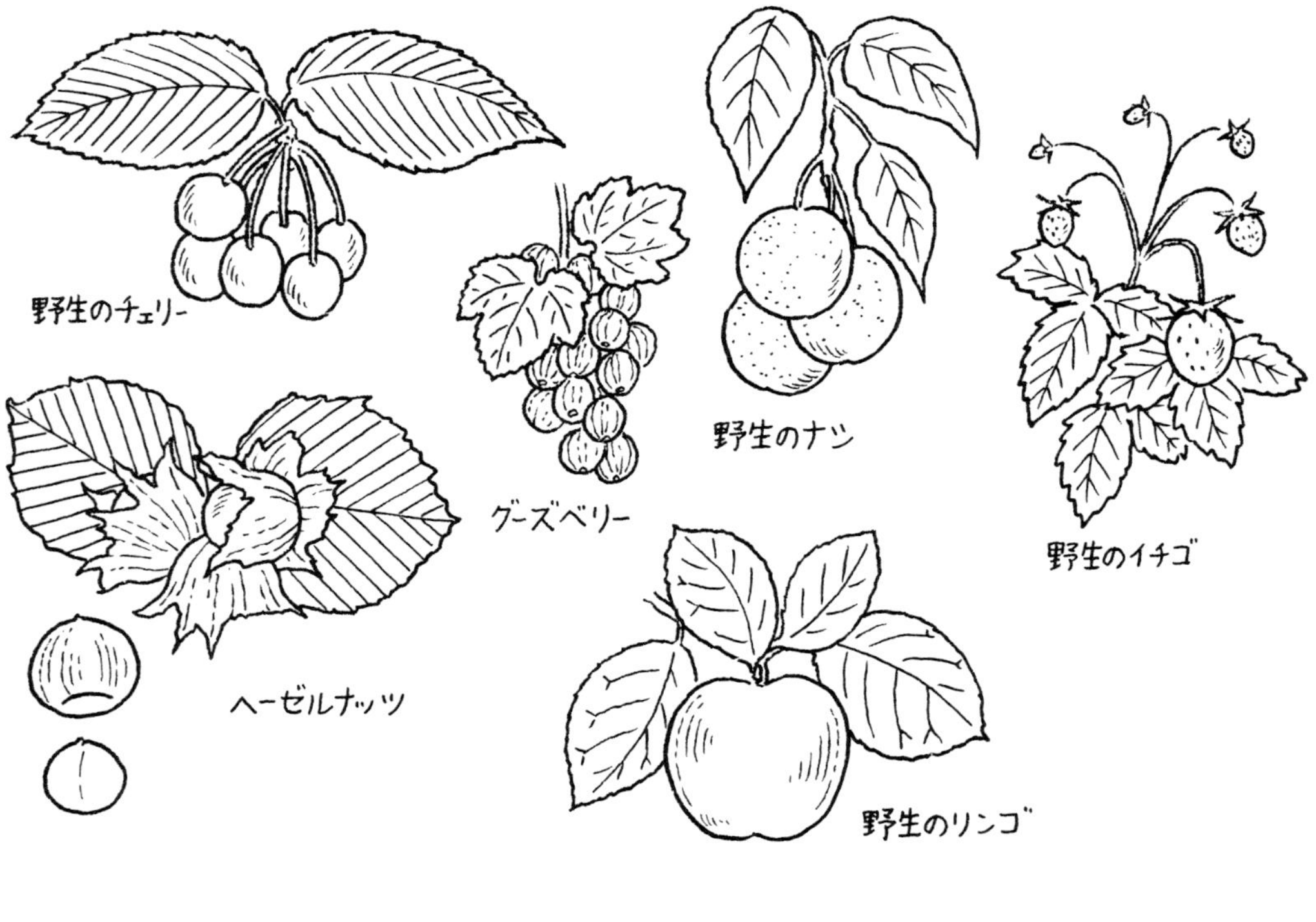

においしいことを書《か》き残《のこ》していました。

どの川にもたくさんの魚がすんでいました。シマスズキ、チョウザメ、アローサ、コイ、パーチ、カワカマス、ニジマスなど、どれも手づかみすることができました。

港《みなと》には、バス、タラ、ニベ、ニシン、サバ、スズキといった魚が豊富《ほうふ》だったばかりか、クジラ、イルカ、アザラシなどの哺乳類《ほにゅうるい》もいっぱいいました。

いっぽう陸地《りくち》には、クマ、オオカミ、ビーバー、キツネ、アライグマ、カワウソ、ワピチ（大型《おおがた》のシカ）、ボブキャット、オオヤマネコ、ピューマなどがウロウロしていたのです。

ハドソンがこの地を発見《はっけん》した年から約《やく》七十年

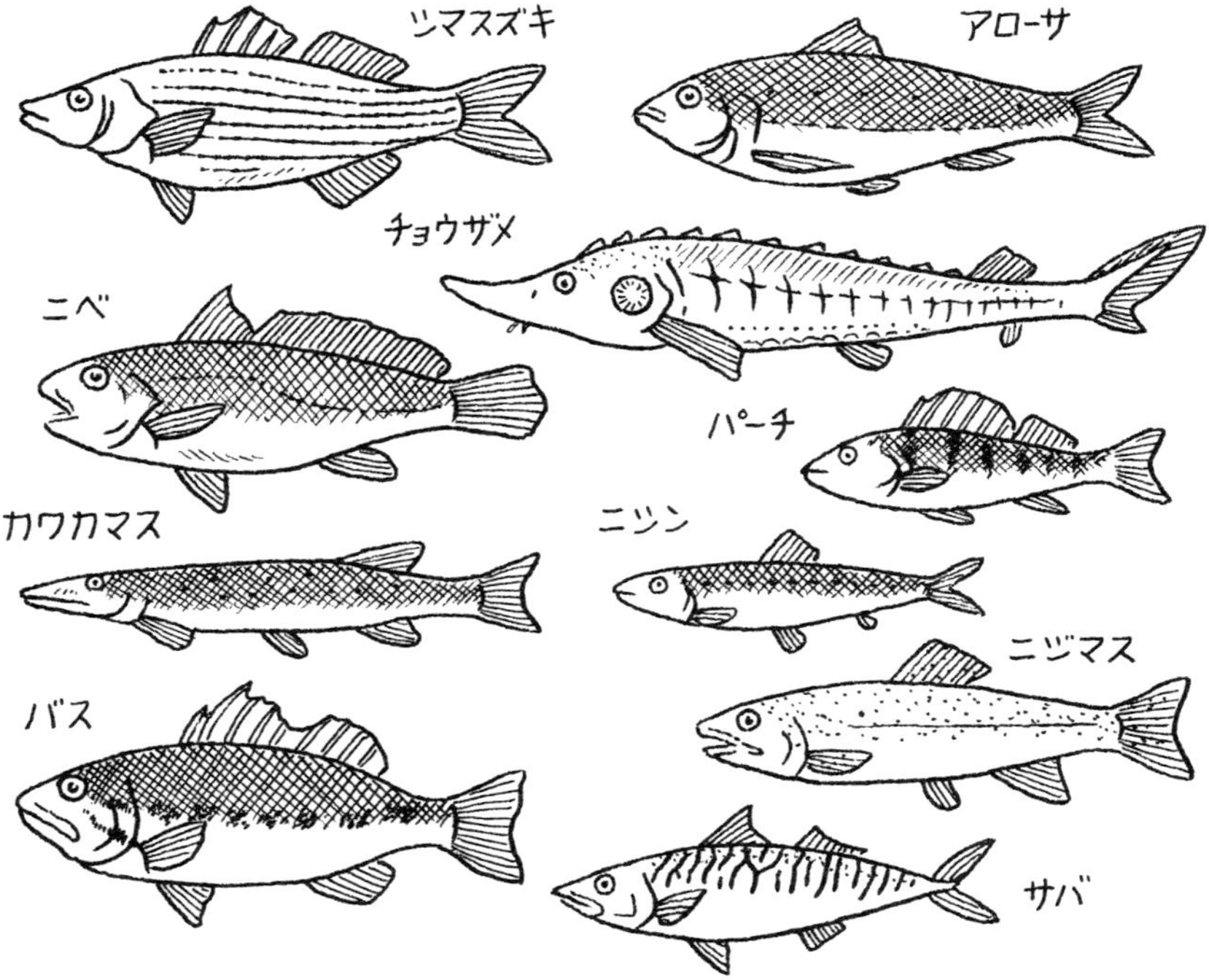
シマスズキ
アローサ
チョウザメ
ニベ
パーチ
カワカマス
ニシン
ニジマス
バス
サバ

後の一六八〇年、現《げん》ニューヨーク市域《しいき》を旅行《りょこう》したオランダ人、ジャスパー・ダンカルツは、次《つぎ》のように書《か》き残《のこ》しています。

「この湾《わん》には大小さまざまな魚が生息《せいそく》し、その豊富《ほうふ》さは言葉《ことば》で言い尽くせないほどである。クジラ、マグロ、イルカ、その他《た》の無数《むすう》の魚の群《む》れが泳《およ》ぎ回り、ワシを始めとする猛禽類《もうきんるい》は、魚が海面《かいめん》に上がってきた瞬間《しゅんかん》に、鋭《するど》い爪《つめ》ですばやくそれを捕《と》らえる。」と。

そして、カキについての記述《きじゅつ》には圧倒《あっとう》されてしまいました。

ハドソン川の河口《かこう》の汽水域《きすいいき》には三百五十平方《へいほう》マイル（約九百平方キロメートル）にわたって、

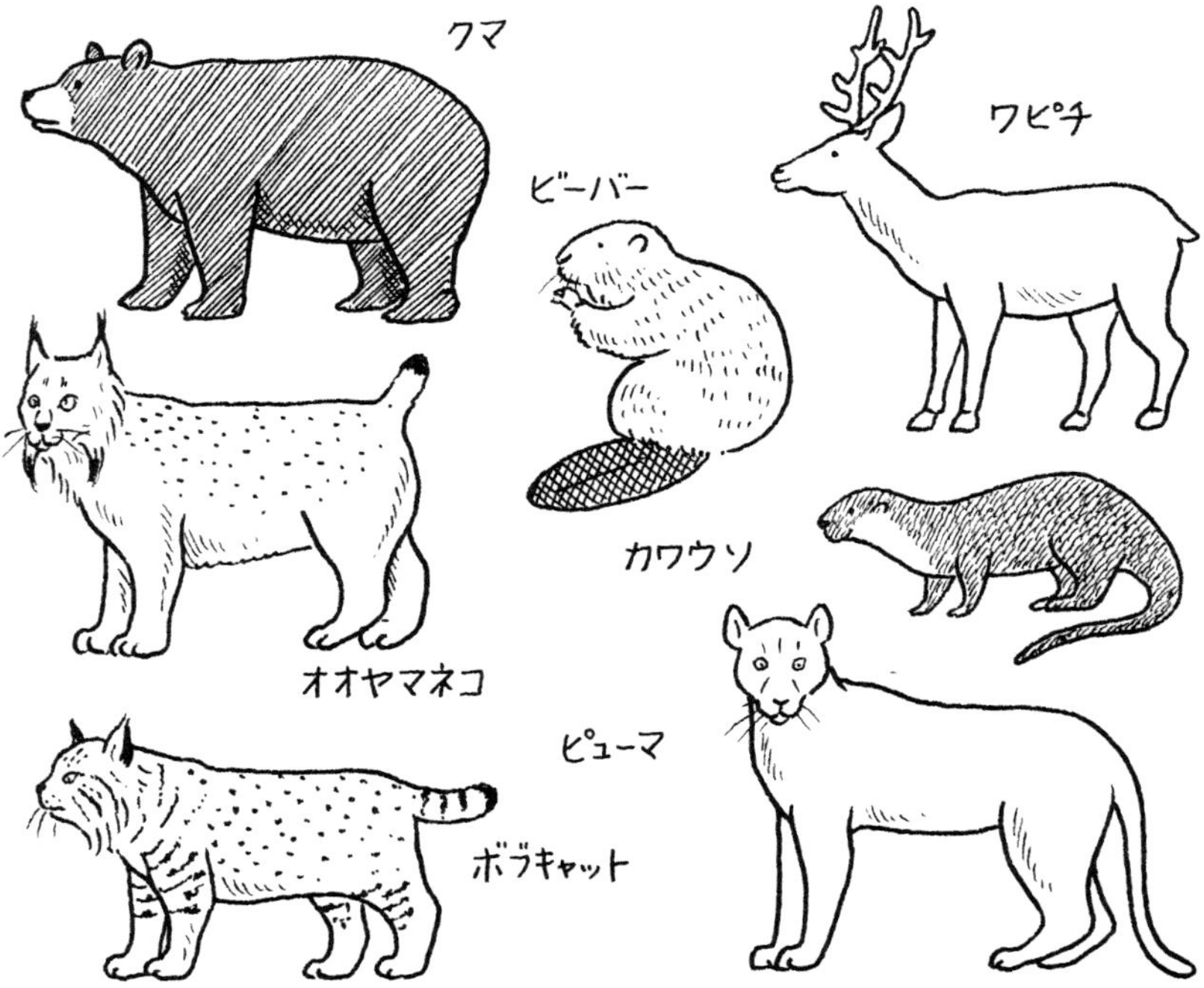

カキの繁殖地《はんしょくち》が広がっていました。繁殖地《はんしょくち》は、ブルックリンやクイーンズの海岸《かいがん》、ジャマイカ湾《わん》、イースト川沿《ぞ》い、さらにマンハッタンのどの海岸《かいがん》にもありました。

今では埋《う》め立《た》てにより、海岸線《かいがんせん》の凹凸《おうとつ》は少なくなっていますが、当時はずっと複雑《ふくざつ》な海岸線《かいがんせん》が続《つづ》き、たくさんの入《い》り江《え》のどこの岩場にもカキがびっしり、はりついていました。

カキの繁殖地《はんしょくち》は、ハドソン川沿《ぞ》いにもあり、マンハッタンの北のニューヨーク州《しゅう》の岸《きし》まで続《つづ》いていました。

またニュー・ジャージー州《しゅう》では、キーポートまで海岸沿《かいがんぞ》いに広がり、そこからさらに、キーポート川、ラリタン川、ハッケンサック川に広がっていました。

スタテン島《とう》、シティ島《とう》、リバティ島《とう》、エリス島《とう》の周囲《しゅうい》の数多くの岩礁《がんしょう》にも繁殖地《はんしょくち》がありました。

かつてニューヨーク湾《わん》には、世界《せかい》じゅうのカキの優《ゆう》に半数が生息《せいそく》していただろうという生物学者《せいぶつがくしゃ》がいるそうです。

ですから、この地域《ちいき》の人々は、わざわざ遠くへ行かなくても、熟《じゅく》した果実《かじつ》をもぎとるように、浅瀬《あさせ》でカキをとることができたというのです。

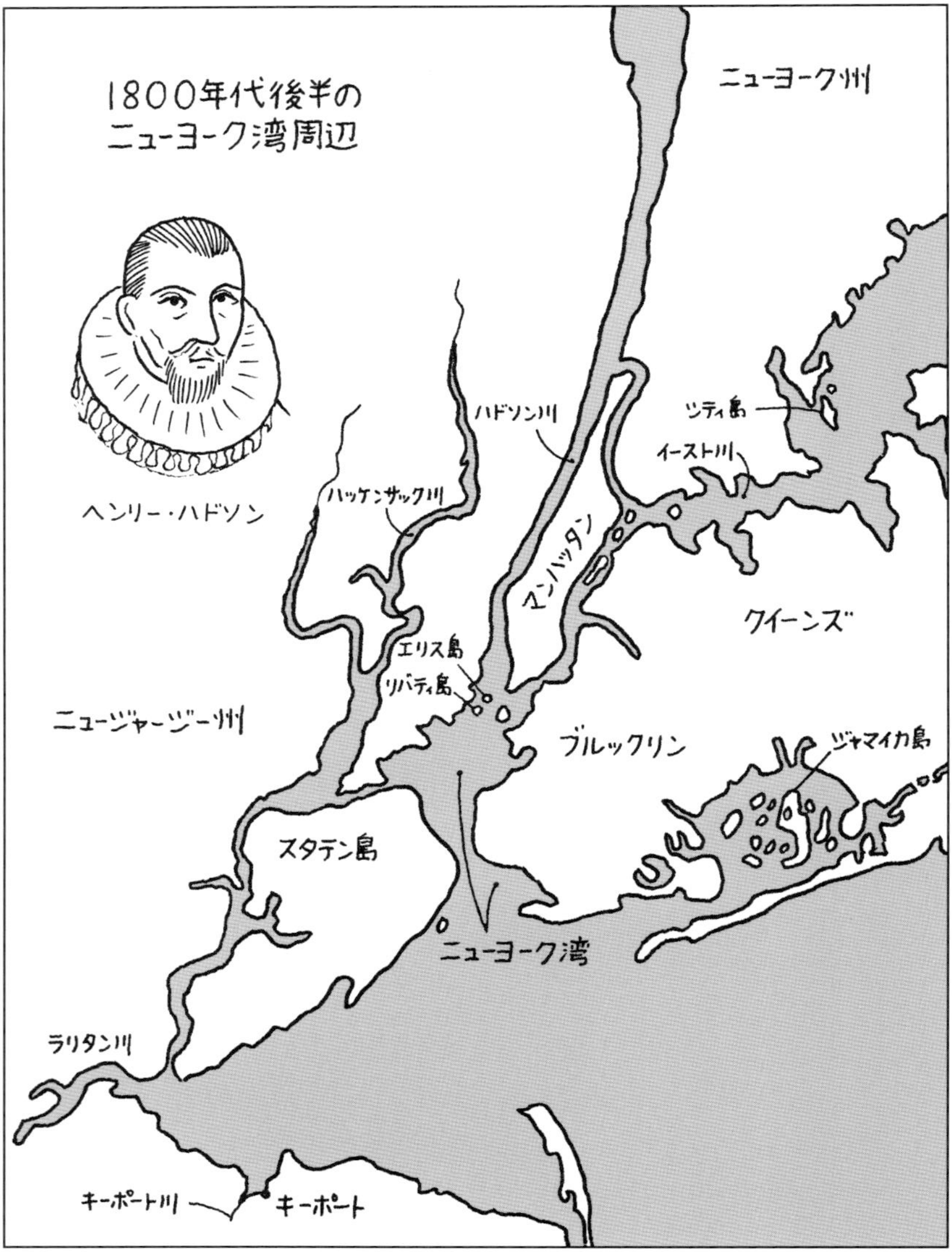
1800年代後半の
ニューヨーク湾周辺
ヘンリー・ハドソン
ニューヨーク州
ハドソン川
シティ島
イースト川
ハッケンサック川
マンハッタン
クイーンズ
エリス島
リバティ島
ニュージャージー州
ブルックリン
ジャマイカ島
スタテン島
ニューヨーク湾
ラリタン川
キーポート川
キーポート

完璧《かんぺき》なカキの加工品《かこうひん》

やがて貿易《ぼうえき》がさかんになると、カキは重要《じゅうよう》な輸出品《ゆしゅつひん》として価値《かち》を高めてゆきました。ニューヨークのカキの多くは、漬物《つけもの》に加工《かこう》されたのです。どんなふうにかというと――。

カキをとったらすぐに殻《から》を開《ひら》き、身《み》をきれいに洗《あら》います。

深《ふか》いなべに水を注《そそ》ぎ、カキを入れてしばらく煮《に》ます。

煮《に》えたらカキをとり出し、皿《さら》にのせて、ほぼ乾燥《かんそう》させます（煮汁《にじる》はそのままとっておきます）。

次《つぎ》に、漬《つ》け汁《じる》をつくります。ナツメグ、オールスパイス、黒コショウを少し加《くわ》え、さらにカキに酸味《さんみ》がつくぐらいの酢《す》を、半分ほどのカキの煮汁《にじる》と混《ま》ぜあわせ、ふたたび火にかけます。

その際《さい》に、アクをていねいにとりのぞきます。

最後《さいご》に、その漬《つ》け汁《じる》を大きなガラス、または陶製《とうせい》の容器《ようき》に注《そそ》ぎ入《い》れ、カキをその液《えき》の中に入れます。

容器《ようき》は完全《かんぜん》に密閉《みっぺい》することがたいせつです。

そうしておけば、何年でももち、どんな遠方にも運《はこ》ぶことができました。

悲《かな》しいカキの歴史《れきし》

一七〇〇年代《ねんだい》に入ると貿易《ぼうえき》はますますさかんになりました。アメリカ南部《なんぶ》の綿《わた》や西《にし》インド諸島《しょとう》のサトウキビ栽培《さいばい》などのプランテーションでは、多くの労働《ろうどう》力《りょく》が求《もと》められるようになりました。

労働力《ろうどうりょく》として奴隷《どれい》を導入《どうにゅう》することを、白人たちは考えました。奴隷《どれい》は物《もの》と同じように貿易品《ぼうえきひん》として売買されました。

やがて彼《かれ》らは、アフリカに奴隷貿易《どれいぼうえき》の船を出すようになりました。なんと、奴隷貿易《どれいぼうえき》の交易品《こうえきひん》の中には酢漬《すづ》けのカキがふくまれていたのです。

……そこまで読み進《すす》み、カキが歴史《れきし》の中で翻弄《ほんろう》される事実《じじつ》に、カキじいさんはただおどろくばかりです。

十九世紀《せいき》後半の南北戦争《なんぼくせんそう》（一八六一～一八六五）で奴隷解放《どれいかいほう》になりましたが、ニューヨーク湾《わん》で始《はじ》まったカキ養殖《ようしょく》の現場《げんば》は、黒人労働者《ろうどうしゃ》（つまり奴隷《どれい》としてつれてこられた人々の末裔《まつえい》）の定位置《ていいち》だという記述《きじゅつ》もありました。

マンハッタンの貧《まず》しい人々は、年じゅう、カキとパンだけで暮《く》らしていたというのです。日本でも終戦後《しゅうせんご》の貧《まず》しい時代《じだい》に、「貧乏人《びんぼうにん》は麦を食え。」と言った政治家《せいじか》がいましたが、ニューヨークではカキは文字どおり、所得《しょとく》の低《ひく》い人の食《た》べ物《もの》だったのです。

ニューヨークの人口は、急速《きゅうそく》にふえていきました。汚物処理《おぶつしょり》は黒人奴隷《どれい》の仕事《しごと》でした。夜おそく、奴隷《どれい》たちは次々《つぎつぎ》と汚物《おぶつ》の入った桶《おけ》を頭にのせて川に運《はこ》び、まさにカキの繁殖地《はんしょくち》である川に捨《す》てていたのです。

一八〇〇年代《ねんだい》になると、ニューヨークではおそろしい伝染病《でんせんびょう》が流行《はや》るようになりました。スラム街《がい》のような不潔《ふけつ》な環境《かんきょう》の地域《ちいき》だけでなく、上流階級《じょうりゅうかいきゅう》の地域《ちいき》でも発生《はっせい》しました。原因《げんいん》は、おそらく生ガキにちがいない、ということになり、「オイスター・パニック」といわれました。

オイスター・パニックから二、三年して、フランスの化学者《かがくしゃ》、ルイ・パスツールは、「病気《びょうき》は細菌《さいきん》によって引《ひ》き起《お》こされる。」という理論《りろん》を展開《てんかい》させました。

一八八四年には、すでにほかの多くの感染経路《かんせんけいろ》を立証《りっしょう》していたドイツの細菌学者《さいきんがくしゃ》、ロベルト・コッホが、コレラはコレラ菌《きん》で引《ひ》き起《お》こされる病気《びょうき》であることを証明《しょうめい》しました。一八八五年にフランスのマルセイユでコレラが流行《りゅうこう》したとき、港《みなと》の水からコレラ菌《きん》が発見《はっけん》されたのです。

長年疑《うたが》われていた、カキと腸《ちょう》チフスとの因果関係《いんがかんけい》も、一八九〇年代《ねんだい》にわかりました。公衆衛生《こうしゅうえいせい》機関《きかん》の調査《ちょうさ》で、水とカキからサルモネラ菌《きん》が検出《けんしゅつ》され、それが腸《ちょう》チフスをくりかえし発生《はっせい》する原《げん》因《いん》であることがつきとめられたのです。サルモネラ菌《きん》の発生源《はっせいげん》は汚水《おすい》であり、カキのせいではないこともたしかめられました。

一九二四年七月二十五日のニューヨークタイムズ紙の社説《しゃせつ》には、「ハドソン川には毎年、千四百万トンもの汚物《おぶつ》が流《なが》れこんでいると試算《しさん》されました。ニューヨークの半径《はんけい》二十マイル（約三十二キロメートル）以内《いない》の港《みなと》や海岸《かいがん》の海は、あらゆる種類《しゅるい》の廃棄物《はいきぶつ》であふれています。工場からの排出物《はいしゅつぶつ》や船から流《なが》れ出《で》る油《あぶら》に加《くわ》えて、ゴミや下水も……。そのせいで、どんよりしているのです。」と記されていたということです。

……ここまで読んだとき、わたしの乗《の》った飛行機《ひこうき》は、小雨《こさめ》のジョン・F・ケネディ国際空港《こくさいくうこう》に着陸《ちゃくりく》しました。

三つの森

国連職員《こくれんしょくいん》の方が出むかえてくれ、国連本部《こくれんほんぶ》へ下見に行きました。イースト川に面《めん》して、おなじみのビルが建《た》っていました。表彰式場《ひょうしょうしきじょう》を見たあと、国連《こくれん》森林フォーラム事務局長《じむきょくちょう》マッカールパイン女史《じょし》を訪《たず》ねました。仕事《しごと》で横浜《よこはま》に住《す》んでいたことがあるという、親日的《しんにちてき》な方でした。

東日本大震災《ひがしにほんだいしんさい》の大津波《おおつなみ》で、母・小雪《こゆき》を亡《な》くしたことが伝《つた》わっていて、お悔《く》やみの言葉《ことば》をいただきました。「森は海の恋人運動《こいびとうんどう》」についてもかなり調《しら》べられていて、フォレストヒーローにふさわしい運動《うんどう》であると評価《ひょうか》していただきました。

手みやげにと、平成《へいせい》十七年（二〇〇五）に出版《しゅっぱん》した本『カキじいさんとしげぼう』の英語版《えいごばん》を手わたしました。じつは、林野庁《りんやちょう》から日本代表《だいひょう》に選《えら》ばれたと知らせを受《う》けた時点で、英語版《えいごばん》の制《せい》作《さく》を決意《けつい》し、わが水山養殖場《みずやまようしょくじょう》に出版部《しゅっぱんぶ》を立ちあげました（といっても、机《つくえ》がひとつあるだけの出《しゅっ》版《ぱん》部《ぶ》で、耕《こう》が家業《かぎょう》の合間にとりしきります）。

出版部《しゅっぱんぶ》の名前は「カキの森書房《もりしょぼう》」です。

英訳《えいやく》のきっかけは九年前にさかのぼります。天皇皇后両陛下《てんのうこうごうりょうへいか》がカナダにご訪問《ほうもん》され、海洋科学《かいようかがく》研究所《けんきゅうじょ》を見学されたのです。その折《おり》、研究所《けんきゅうじょ》の所長《しょちょう》から、カナダでは森・川・海のかかわりの研《けん》究《きゅう》を開始《かいし》した、と説明《せつめい》を受《う》けられたそうです。そのとき皇后様《こうごうさま》が、日本では気仙沼《けせんぬま》のカキ漁師《りょうし》たちが、もう二十年も前から、海に注《そそ》ぐ川の上流《じょうりゅう》の山に植林《しょくりん》をしていることをお話しされたところ、「英語《えいご》の資料《しりょう》はありませんか。」と問《と》われたというのです。

宮内庁《くないちょう》から問《と》いあわせがあったので、「森は海の恋人運動《こいびとうんどう》」の心を伝《つた》える資料《しりょう》として、『カキじいさんとしげぼう』を急遽英訳《きゅうきょえいやく》し、簡易《かんい》な冊子《さっし》にしてお送《おく》りした経緯《けいい》がありました。

国連大使《こくれんたいし》が、そのときのカナダ大使《たいし》だったこともあり、話がはずみました。

二月九日、表彰式《ひょうしょうしき》です。いならぶ各国関係者《かっこくかんけいしゃ》を前に、ブラジル（中南米）、ロシア（ヨーロッパ）、カメルーン（アフリカ）、アメリカ合衆国《がっしゅうこく》（北米）代表《だいひょう》に続《つづ》き、アジア代表《だいひょう》のわたしが金メダルを首にかけてもらいました。

わたしを除《のぞ》くヒーロー諸君《しょくん》は、巨大開発《きょだいかいはつ》・環境破壊者《かんきょうはかいしゃ》と対決《たいけつ》し、うち勝《か》ったような人々でした。グリーンピース（環境問題《かんきょうもんだい》に取り組む民間《みんかん》の国際協力組織《こくさいきょうりょくそしき》）に属《ぞく》する方々がいたことにも、おどろきました。力強いスピーチに圧倒《あっとう》されそうでした。

わたしの番が来ました。

「敬愛《けいあい》する国連《こくれん》森林フォーラムのマッカールパイン事務局長《じむきょくちょう》、審査員《しんさいん》のみなさま方、フォレストヒーローズの仲間《なかま》たち、本日お越《こ》しのみなさまにごあいさつ申《もう》し上《あ》げます。

と同時に、わたしたち北日本の太平洋側《たいへいようがわ》は、昨年歴史的《さくねんれきしてき》な津波《つなみ》に遭《あ》ってしまいました。二万人の方が亡《な》くなりました。その中のひとりにわたしの母もおりました。世界《せかい》じゅうの方々からたくさんの支援《しえん》をいただきましたことを深《ふか》く感謝《かんしゃ》いたします。

大津波《おおつなみ》で、カキも、船も、家も、ぜんぶ流《なが》されてしまいました。

わたしたちは絶望《ぜつぼう》の淵《ふち》に立たされました。

一か月ほど、海辺《うみべ》から生《い》き物《もの》の姿《すがた》がぜんぶ消《き》えてしまいました。

海は死《し》んだと思いました。

これで終《お》わりだと思いました。

しかし、どうでしょう。まもなく、海に魚たちがもどってきました。

以前《いぜん》にもまして、海は豊《ゆた》かになったのです。

なぜでしょう。

それは、海に流《なが》れこんでいる川と背景《はいけい》の森林の環境《かんきょう》を整《ととの》えていたからです。

今日は、わたしのような漁民《ぎょみん》がフォレストヒーローになるという、二十年前ならまったく考えられないことが起《お》きました。漁師《りょうし》のわたしをフォレストヒーローに選出《せんしゅつ》してくださったことに感《かん》謝《しゃ》します。

地球上《ちきゅうじょう》には、三つの森があると思っています。

山の森、植物《しょくぶつ》プランクトンや海藻《かいそう》の海の森、そして、森と海のあいだの川の流域《りゅういき》に暮《く》らす人々の心の森です。

わたしたちは、山に木を植《う》えると同時に、環境教育《かんきょうきょういく》を通して子どもたちの心の中に木を植《う》えてきました。科学的《かがくてき》な解明《かいめい》がいくら進《すす》んでも、大切《たいせつ》なのは人の心に木を植《う》えること。

森は海の恋人《こいびと》——このスローガンをかかげ、今後も運動《うんどう》を推進《すいしん》してゆくつもりです。

本日の授賞《じゅしょう》、まことにありがとうございます。」

思わぬ大きな拍手《はくしゅ》があがり、ほっとしました。「森は海の恋人《こいびと》」という言葉《ことば》の力を実感《じっかん》した一《いっ》瞬《しゅん》でもありました。

摩天楼《まてんろう》と大森林

「どこか行きたいところはありませんか。」

と、国連職員《こくれんしょくいん》の方に問《と》われ、間髪《かんはつ》いれず、

「グランドセントラル駅《えき》地下のオイスターバー。」

と答えました。

カキ博士《はかせ》、今井丈夫《いまいたけお》先生からいつも話をきかされていて、いつか行ってみたいと、ずっと思っていたのです。

五百人は入るんじゃないかと思うような巨《きょ》大《だい》なオイスターバーです。

いろいろな名前のカキが、氷《こおり》の上にズラリとならんでいました。ですが、いくらさがしても、世界一《せかいいち》のカキの産地《さんち》であったニューヨーク湾《わん》のカキは、一個《こ》もありません。

国連職員《こくれんしょくいん》の方に問《と》うと、

「あぶなくて、食べられませんよ。」

と、笑《わら》っています。大西洋《たいせいよう》カキ（ヴァージニカ）は、ボストンやニューオーリンズなど遠《えん》隔地産《かくちさん》のものばかりです。

『牡蠣《かき》と紐育《ニューヨーク》』の話は今でも引きずっているのだなあ、と実感《じっかん》しました。

シアトル産《さん》などの西海岸《にしかいがん》のカキは、まちが

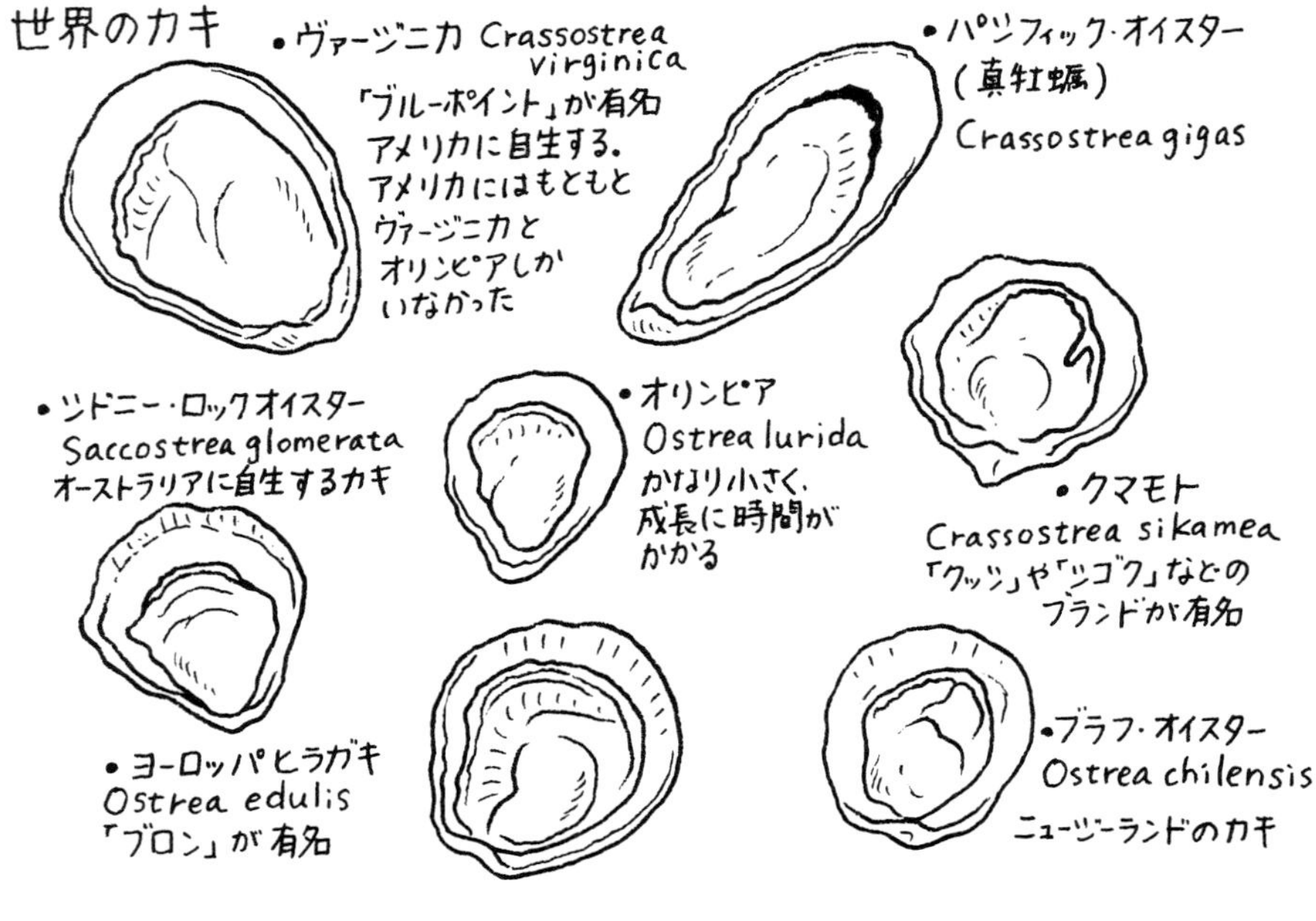

いなくミヤギ種《だね》のカキです。

翌日《よくじつ》、平成《へいせい》十三年（二〇〇一）九月十一日に起《お》きたアメリカ同時多発《たはつ》テロで大惨事《だいさんじ》のあったワールドトレードセンター（世界貿易《せかいぼうえき》センター）ビル跡《あと》を訪《おとず》れ、祈《いの》りをささげました。

耕《こう》が、

「マンハッタンのはじっこから、スタテン島《とう》にフェリーが出ている。無料《むりょう》だから行ってみよう。」

と言いました。

船が出港《しゅっこう》しました。

四百年前、ハドソンがここにたどりついたのか……、十八世紀《せいき》、この海が世界一《せかいいち》のカキの産地《さんち》だったのか……と思うと感無量《かんむりょう》です。

自由《じゆう》の女神《めがみ》が見えたと思ったら、あっというまにスタテン島《とう》です。少し島《しま》を見物《けんぶつ》し、帰りの船に乗《の》りました。

船上から、マンハッタンの摩天楼群《まてんろうぐん》が見え、歓声《かんせい》があがっています。

でもわたしは悲《かな》しくなりました。

ハドソンが来たときには、大森林が見えていたはずです。

カキじいさんはカキの身《み》になって考えます。

森林がビル群《ぐん》に変《か》われば変《か》わるほど、カキはすみづらくなるのです。

地球《ちきゅう》にカキが出現《しゅつげん》したのは、五億《おく》年むかしのカンブリア期《き》といわれています。カキの歴史《れきし》からすると、四百年なんて一瞬《いっしゅん》にすぎないでしょう。

カキは、つくづく、人間はせっかちだなあ、と思っているはずです。

人間はもう少しゆっくり歩むべきです。

ニューヨーカーも、ハドソン川流域《りゅういき》に木を植《う》えるべきだと思いました。

「人類《じんるい》が生《い》き延《の》びる道は明白だ。

生ガキを安心《あんしん》して食べられる海と共存《きょうそん》することである。」

思わずカキじいさんはそうつぶやいたのでした。

終章《しゅうしょう》

第《だい》二十三回「森は海の恋人植樹祭《こいびとしょくじゅさい》」開催《かいさい》！

毎年、春になって木々が芽生《めば》えはじめると、「森は海の恋人植樹祭《こいびとしょくじゅさい》」のことが気になりだします。でも、あの年（平成《へいせい》二十三年）の春は、だれもそのことを口に出す人はいませんでした。三月十一日に襲来《しゅうらい》した東日本大震災《だいしんさい》の大津波《おおつなみ》でうちのめされ、生きているだけでやっとだったのです。

海から生《い》き物《もの》の姿《すがた》が消《き》えてしまい、海は死《し》んでしまったとすら思っていました。

今まで二十二年間も続《つづ》けてきた植樹祭《しょくじゅさい》は意味《いみ》があったのだろうか……先行きの希望《きぼう》を失《うしな》うと、〝森は海の恋人《こいびと》〟という言葉《ことば》さえ空虚《くうきょ》にきこえてくるのでした。

四月中旬《ちゅうじゅん》、植樹祭《しょくじゅさい》の会場である岩手県《いわてけん》一関市《いちのせきし》室根町《むろねちょう》矢越《やごし》十二区《く》の、自治《じち》会長の三浦《みうら》さんはじめ、長年活動《かつどう》を続《つづ》けてきた仲間《なかま》がやってきました。

「二十三年目の『森は海の恋人植樹祭《こいびとしょくじゅさい》』を休まずやりましょう。わたしたちがぜんぶ準備《じゅんび》をしますから、体ひとつで来てください。〝大津波《おおつなみ》から復興《ふっこう》を祈念《きねん》する植樹祭《しょくじゅさい》〟と位置《いち》づけましょう。」と言って、手をさしのべてくれたのです。

わたしは思わず、手をしっかりにぎりしめました。うれし涙《なみだ》がどうっと流《なが》れるのをこらえきれませんでした。

「室根町《むろねちょう》の人たちの力添《ちからぞ》えで、今年も植樹祭《しょくじゅさい》ができるようになりました。」

と、うちひしがれている海の仲間《なかま》に伝《つた》えますと、明るい顔色がもどってきました。

でも、植樹祭《しょくじゅさい》のシンボルの大漁旗《たいりょうき》が津波《つなみ》で流《なが》されてしまい、ほとんどなくなっていたのです。大漁旗《たいりょうき》をつくる旗屋《はたや》さんも流《なが》され、とてもその日までには間に合いません。

津波《つなみ》の被害《ひがい》のなかった数少ない家を訪《たず》ね、古い旗《はた》をかりて間に合わせることにしたのです。

植樹祭会場《しょくじゅさいかいじょう》には、農産物《のうさんぶつ》とともにカキ、ホタテ、ホヤなどの海《うみ》の幸《さち》もならび、それらを食べることも参加《さんか》してくれる人の楽しみでした。

しかしこの年は、海はからっぽで海《うみ》の幸《さち》を持参《じさん》することができません。

また、このような混乱時《こんらんじ》、参加《さんか》してくれる人はいるのだろうか、とも心配《しんぱい》しました。

平成《へいせい》二十三年（二〇一一）六月五日、第《だい》二十三回「森は海の恋人植樹祭《こいびとしょくじゅさい》」は開催《かいさい》されました。

復興《ふっこう》を後押《あとお》ししてくれるように天気は快晴《かいせい》でした。

〝復興祈願植樹祭《ふっこうきがんしょくじゅさい》〟と銘《めい》うったためか、全国放送《ぜんこくほうそう》のテレビ局《きょく》のカメラが複数陣《ふくすうじん》どり、生放送《なまほうそう》するというのです。

全国《ぜんこく》から千二百人もの参加者《さんかしゃ》があり、「海の復興《ふっこう》を応援《おうえん》していますから。」とはげましてくれたのです。

津波《つなみ》の日から、おふろがなかったですから、ひげボウボウで、文字どおりカキじいさんの顔で主催者《しゅさいしゃ》あいさつに立ちました。

「物心両面《ぶっしんりょうめん》の支援《しえん》と、このようなとき、参加《さんか》してくださったことに感謝《かんしゃ》を申《もう》し上《あ》げるとともに、来年、第《だい》二十四回の植樹祭《しょくじゅさい》には、かならずカキを復活《ふっかつ》させて持参《じさん》します。」

と話しますと、

「カキじいさん、がんばれ！」

「カキを待《ま》ってるよ。」

と、あちこちから声がかかりました。


植樹《しょくじゅ》が始《はじ》まりました。

一関《いちのせき》と気仙沼《けせんぬま》の市長さんも参加《さんか》してくださいました。

開会式《かいかいしき》の会場から山まで、人の列《れつ》がずっと続《つづ》いています。

親子づれの参加者《さんかしゃ》がふえていました。小学生のころ参加《さんか》した人たちが、もう三十歳《さい》を過《す》ぎていて、自分の子どもをつれてきているというのです。

「二十三年という月日は、そういうことなんだね。」

と、仲間《なかま》で話しあいました。

さびしいのは、この植樹祭《しょくじゅさい》のシンボルの大漁旗《たいりょうき》が、ほんの十枚《まい》ほどしかはためいていないことです。小学生のころからの常連《じょうれん》で中学の上級生《じょうきゅうせい》になっているニキビ顔たちが、

「テレビがいっぱい来てるのに、残念《ざんねん》だね。映《うつ》りがよくないね。」

なんて言っています。

でも、津波《つなみ》に流《なが》されないで残《のこ》ったわが水山養殖場《みずやまようしょくじょう》の「あずさ丸」の旗《はた》が大きくはためいています。

矢越山《やごしやま》の中腹《ちゅうふく》に、りっぱな標柱《ひょうちゅう》が建《た》っていました。

——海よ甦《よみがえ》れ　東日本大震災復興祈願植樹《ひがしにほんだいしんさいふっこうきがんしょくじゅ》——

と記されています。

アズサの花のマーク
雌花《めばな》
雄花《おばな》
森は海の恋人
あずさ丸
コスモ石油エコカード基金
アズサの花のマークは
初めてあずさ丸の旗を
作ってもらったときに、
旗屋さんのアイデアで
デザインして入れてくれたもの

室根町《むろねちょう》十二区自治会《くじちかい》のみなさんが建《た》ててくれたことがわかりました。

そして、その標柱《ひょうちゅう》のそばに、あずさの苗木《なえぎ》を植《う》えたのです。

「あずさ丸」の名前の由来《ゆらい》になっているあずさは、船をこぐ櫓《ろ》をつくる木です。しなりがあって折《お》れにくい木です。

弓をつくる木としても有名《ゆうめい》で、あずさでつくった弓は特別《とくべつ》に「あずさ弓」とよばれます。

千年に一度《ど》という大津波《おおつなみ》に遭遇《そうぐう》しても、心が折《お》れないように——という願《ねが》いがこめられていました。

気仙沼湾《けせんぬまわん》に注《そそ》ぐ大川上流《おおかわじょうりゅう》の山の民《たみ》に、心から感謝《かんしゃ》した一日でした。

ブナ実《みの》る

去年の夏、室根山《むろねさん》の見晴らし広場のブナの木に、小さな花が咲いているのに気がつきました。

秋、木の根元《ねもと》に実《み》がいっぱい落《お》ちていました。

岩手県水沢《いわてけんみずさわ》の菊地恵輔《きくちけいすけ》さんに植《う》えてもらってから、二十七年が過《す》ぎていました。

菊地《きくち》さんは、植《う》えてから毎年、こっそり木を見にきていたといいます。残念《ざんねん》ですが十年ほど前に亡《な》くなったという知らせを受《う》けていました。

菊地《きくち》さん、

東日本大震災《ひがしにほんだいしんさい》の大津波《おおつなみ》から、気仙沼《けせんぬま》の海があっというまによみがえったのは、森のお母さんのおかげですよ。

今年は、大川《おおかわ》に上がるサケもふえましたよ。

それにしても、ブナの森のある上流《じょうりゅう》の川に卵《たまご》を産《う》みに帰るサケの体のもようがブナの木肌《きはだ》にそっくりだなんて、ふしぎなことですね。

今年はカキの育ちもよく、おいしいですよ。

アズサの苗木

あとがき

初《はじ》めて子ども向《む》けの本『漁師《りょうし》さんの森《もり》づくり』を書いたのは、平成《へいせい》十二年（二〇〇〇年）のことです。もう、十八年も前です。

今、毎日のように新しい本が生まれ、本屋《ほんや》さんに並《なら》べられますが、読《よ》み続《つづ》けられる本は少なく、一年もたたないうちに書店の本棚《ほんだな》から姿《すがた》を消《け》しているのだそうです。

そんな中、『漁師《りょうし》さんの森《もり》づくり』は十八年も読者《どくしゃ》のみなさんに愛《あい》され、いまだに版《はん》を重《かさ》ねているのです。どうしてでしょう。

この本は、うれしいことに小学館児童出版文化賞《しょうがくかんじどうしゅっぱんぶんかしょう》を受賞《じゅしょう》しました。そのとき、審査委員《しんさいいいん》の霊長《れいちょう》類《るい》学者・河合雅雄《かわいまさお》先生（京都大学名誉教授《きょうとだいがくめいよきょうじゅ》）が推薦《すいせん》の言葉《ことば》を書いてくださったのです。

「この本を薦《すす》めたい理由《りゆう》の一つは、学歴《がくれき》社会を信奉《しんぽう》して子どもを受験地獄《じゅけんじごく》へ追《お》いやっている親や先生に、水産高校《すいさんこうこう》を出ただけの人が、これほどのことを成《な》しとげたという事実《じじつ》にしっかり目を向《む》

け、子どもの人生の歩み方を考えてほしいと思うからだ。」と。

わたしはこの河合《かわい》先生の言葉《ことば》を一生の宝《たから》にしています。

じつはわたしは、気仙沼水産高校《けせんぬますいさんこうこう》（現《げん》・気仙沼向洋高校《けせんぬまこうようこうこう》）から、東京水産大学《とうきょうすいさんだいがく》（現《げん》・東京海洋大学《とうきょうかいようだいがく》）への進学《しんがく》を考えていました。父もそのように思っていたようです。

しかし、高校二年生の時、チリ地震津波《じしんつなみ》に襲《おそ》われて、家業《かぎょう》のカキ養殖《ようしょく》は大きな被害《ひがい》を受《う》けてしまったのです。大学への進学《しんがく》はあきらめるしかありませんでした。父と懸命《けんめい》に働《はたら》いて、津波《つなみ》で背《せ》負《お》った負債《ふさい》を返済《へんさい》しなければならなかったのです。

でもその経験《けいけん》は、わたしに生きる力を与《あた》えてくれました。心も体も強くしてくれたのです。

もうひとつ、大事なことを学びました。津波被害《つなみひがい》から立ち直れたのは、海が豊《ゆた》かでカキの成長《せいちょう》がよかったからです。自然環境《しぜんかんきょう》の大切さを身《み》をもって体験《たいけん》することができました。

気仙沼湾《けせんぬまわん》が汚《よご》れはじめて赤潮《あかしお》が発生《はっせい》したり、ダムの建設《けんせつ》計画がもちあがったとき、気仙沼《けせんぬま》の自《し》然《ぜん》を守《まも》らなければならないという強い気持《きも》ちがわきあがりました。

もし大学に進《すす》み、厳《きび》しい生活を経験《けいけん》していなかったら、「森は海の恋人運動《こいびとうんどう》」は起《お》こせなかったことでしょう。『漁師《りょうし》さんの森《もり》づくり』のような本も書けなかったはずです。河合《かわい》先生は本質《ほんしつ》を見抜《みぬ》いておられました。

『漁師《りょうし》さんの森《もり》づくり』が世代《せだい》を継《つ》いで読まれているのは、第《だい》一章《しょう》の「しげぼうの海」が書かれているからだと言われています。「小さいころに、舞根《もうね》の海や山で生《い》き物《もの》たちと遊《あそ》んだことが描《えが》かれているところが好《す》きです。」と言ってくれる人が多いのです。それはわたしにしか書けない、オリジナルな描写《びょうしゃ》だからでしょう。

この本のイラストを担当《たんとう》したスギヤマカナヨさんは、原稿《げんこう》の中に出てくる百種類《しゅるい》をこす動植物《どうしょくぶつ》を全部《ぜんぶ》描《か》いてくれました。編集担当《へんしゅうたんとう》の小鮒由起子《こぶなゆきこ》さんとは細かいところまで何度《なんど》も話し合い、納得《なっとく》するまで意見《いけん》を交換《こうかん》しました。本をつくることの楽しさ、厳《きび》しさを経験《けいけん》することができたのは勉強《べんきょう》になりました。

それから十年が過《す》ぎたころ、講談社児童局《こうだんしゃじどうきょく》の山室秀之《やまむろひでゆき》さんの熱心《ねっしん》なすすめで、『漁師《りょうし》さんの森《もり》づくり』の続編《ぞくへん》を出版《しゅっぱん》することになったのです。山室《やまむろ》さんは、「森は海の恋人植樹祭《こいびとしょくじゅさい》」の常連《じょうれん》です。スギヤマさんも小鮒《こぶな》さんもずっと木を植《う》え続《つづ》けている植樹仲間《しょくじゅなかま》です。続編《ぞくへん》もいい本を出しましょうね、と話し合っていました。

でも七年前、東日本大震災《ひがしにほんだいしんさい》に襲《おそ》われてしまい、そんな楽しい計画は立《た》ち消《ぎ》えになったと思っていました。あまりにもおおきな被害《ひがい》から立ち上がることはできないと思ったのです。

でも、海は元気を取《と》りもどしたのです。気仙沼湾《けせんぬまわん》に注《そそ》いでいる大川流域《おおかわりゅういき》の自然環境《しぜんかんきょう》を整《ととの》えていたことが、海の復活《ふっかつ》につながったのです。

大学を出て都会《とかい》に出て働《はたら》いていた息子《むすこ》たちも、帰ってきて漁師《りょうし》になりました。

山室《やまむろ》さんが言いました。

「カキじいさん、大津波《おおつなみ》からどうやって立ち上がったか、その経験《けいけん》を付《つ》け加《くわ》えて、『森は海の恋《こい》人運動《びとうんどう》』三十周年《しゅうねん》で出版《しゅっぱん》しましょう。本のタイトルは決《き》めています。『人《ひと》の心《こころ》に木《き》を植《う》える』です。また二十年先まで読まれるような本をつくりましょう。」

「二十年先って、もう百歳《さい》近いよ。」

「カキを食べて長生きしてくださいよ。」

そんな会話をしながら、この本はできあがりました。

二〇一八年六月　第《だい》三十回《かい》「森は海の恋人植樹祭《こいびとしょくじゅさい》」を目前にして

参考資料

『小学館の図鑑NEO④魚』井田齊・松浦啓一著・監修　小学館（2003年）
少年少女世界の文学2『聖書物語』犬養道子著　河出書房（1967年）
『ずかんプランクトン』日本プランクトン学会監修　技術評論社（2011年）
『唐桑・海と森の大工』西田耕三・高橋恒夫ほか著　瀬戸山玄撮影　INAX出版（2004年）
『牡蠣と紐育』マーク・カーランスキー著　山本光伸訳　扶桑社（2011年）
大阪府立環境農林水産総合研究所　Webサイト
東海大学海洋科学博物館　展示及びフリーペーパー
「地球交響曲第八番」龍村仁監督　Jin Tatsumura Office（2015年）
ETV特集「カキと森と長靴と」NHK（2018年）

編集
小鮒由起子

口絵写真
宍戸清孝

本文イラスト割付
脇田明日香

協力
長沼毅　中村健太朗　NPO法人森は海の恋人
清水昭　阿部薫　中山耕至

著者／畠山重篤（はたけやま しげあつ）

1943年、中国・上海生まれ。宮城県でカキ、ホタテの養殖業を営む。「牡蠣の森を慕う会」代表。1989年より「森は海の恋人」を合い言葉に植林活動を続ける。一方、子どもたちを海に招き、体験学習を行っている。2005年から京都大学フィールド科学教育研究センター社会連携教授。

『漁師さんの森づくり』（講談社）で小学館児童出版文化賞と産経児童出版文化賞JR賞、『日本〈汽水〉紀行』（文藝春秋）で日本エッセイスト・クラブ賞、『鉄は魔法つかい』（小学館）で産経児童出版文化賞産経新聞社賞を受賞。その他の著書に『森は海の恋人』『リアスの海辺から』『牡蠣礼讃』（以上、文藝春秋）などがある。

画家／スギヤマカナヨ

静岡県生まれ。絵本作家。東京学芸大学初等科美術卒業。『ペンギンの本』（講談社）で講談社出版文化賞絵本賞を受賞。著書に『K・スギャーマ博士の動物図鑑』（絵本館）、『てがみはすてきなおくりもの』（講談社）、『ぼくのまちをつくろう！』（理論社）、『ようこそ！　へんてこ小学校』（KADOKAWA）、「おもしろい！　楽しい！　うれしい！　手紙」シリーズ（全3巻・偕成社）など多数。畠山重篤とのコラボレーション作品に『山に木を植えました』（講談社）、『フェルムはまほうつかい』（小学館）。

人《ひと》の心《こころ》に木《き》を植《う》える

「森《もり》は海《うみ》の恋人《こいびと》」30年《ねん》

2018年5月28日　第1刷発行
2025年6月18日　第4刷発行
定価は、カバーに表示してあります。
著　者　畠山重篤《はたけやましげあつ》
発行者　安永尚人
発行所　株式会社講談社
東京都文京区音羽2-12-21　郵便番号112-8001
電話　編集 03（5395）3536
　　　販売 03（5395）3625
　　　業務 03（5395）3615
N.D.C.916　206p　22cm
印刷所　株式会社精興社
製本所　株式会社国宝社
本文データ制作　講談社デジタル製作

ISBN978-4-06-511739-2

漁師《りょうし》さんの山には、こんな木が育っています

ヤマボウシ
（ミズキ科）

アカシデ
（カバノキ科）

ハクウンボク
（エゴノキ科）

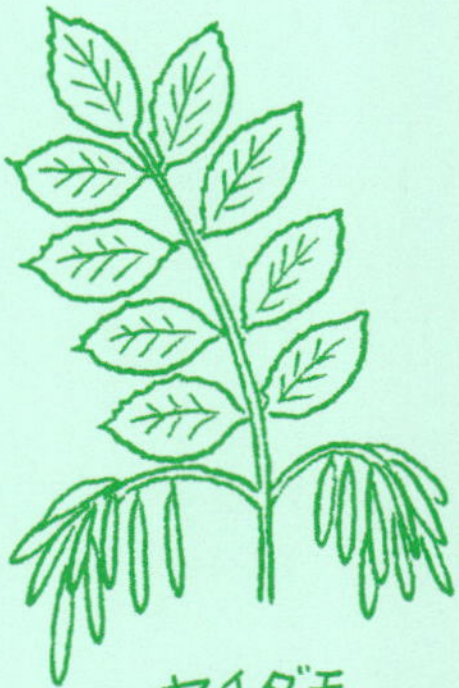

ヤチダモ
（モクセイ科）

ノリウツギ
（アジサイ科）

ツバキ
（ツバキ科）